Paul Haack

Inhaber:
Wilhelm und Alfred Haack

✦

**Verfertiger von
Glasinstrumenten**

Lager von
Laboratoriumsartikeln

✦

Wien IX/2
Garelligasse 4 (Alserplatz)

Drahtanschrift: Glashaack
Fernsprecher: A 22-0-25 (interurban)

TOPF

Mälzereibau
Silo-Speicherbau
Trocknungsanlagen
Transportanlagen

J. A. Topf & Söhne
Erfurt
Gegr. 1878

Im RANK-SILO

besorgt Querlüftung durch ständige Sauerstoffzufuhr die Verbesserung des Getreides und vertreibt Kornkäfer, Kornmotten

•

Lüftungsanlagen für Getreidelagerböden

•

Baugesellschaft Gebr. Rank & Co. m. b. H.
München, Lindwurmstraße 88

ISBN 978-3-7091-5803-6   ISBN 978-3-7091-5812-8 (eBook)
DOI 10.1007/978-3-7091-5812-8

Ausgegeben im November 1936

DAS ÖSTERREICHISCHE LEBENSMITTELBUCH
CODEX ALIMENTARIUS AUSTRIACUS
II. Auflage

Herausgegeben vom Bundesministerium für soziale Verwaltung, Volksgesundheitsamt, im Einvernehmen mit der Kommission zur Herausgabe des österreichischen Lebensmittelbuches

Vorsitzender: o. ö. Prof. Dr. Franz Zaribnicky

XLVI.
Getreide

Referent: Reg.-Rat Dr. *Emanuel Rogenhofer* (Bundesanstalt für Pflanzenbau und Samenprüfung in Wien)

Neben dem Lebensmittelgesetz, RGBl. Nr. 89/1897, ist insbesondere § 4 der Min.-Vdg., RGBl. Nr. 235/1897 (Mühlsteine), zu beachten. Mit der Min.-Vdg., RGBl. Nr. 230/1907, wurde das Feilhalten und der Verkauf im inländischen Verkehre von Rollgerste, die geschwefelt oder sonst künstlich gebleicht wurde oder der mineralische Bestandteile beigemengt wurden, verboten.

1. Beschreibung

Unter „Getreide" versteht man die ausgedroschenen oder gerebelten reifen Früchte von Weizen, Roggen, Gerste, Hafer, Mais, Reis, Hirse und Buchweizen, die mit Ausnahme des Knöterichgewächses Buchweizen zu den Gräsern (Gramineen) gehören und im Handel entweder wie Gerste, Hafer, Spelz, Emmer und Hirse von den Spelzen umschlossen oder wie Weizen, Roggen, nackte Gerste, Mais und Reis entspelzt vorkommen.

Das Getreide ist das wichtigste pflanzliche Nahrungsmittel. Es bildet infolge seines hohen Stärkegehaltes die für die Ernährung des Menschen unbedingt notwendige Ergänzung der an Eiweiß und Fett relativ reichen Nahrungsmittel animalischen Ursprunges.

A. Weizen

Der Weizen dient im geschälten und zerkleinerten, vor allem aber im vermahlenen Zustande als Grieß und Mehl zur menschlichen Nahrung. Von den botanischen Arten des Weizens kommen für österreichische Verhältnisse in Betracht:

1. Arten mit zäher Spindel (Nacktweizen), die Körner fallen beim Drusche aus den Spelzen:

a) Gemeiner Weizen, Triticum vulgare Vill.,

b) Englischer Weizen, Triticum turgidum L.,
c) Hartweizen, Triticum durum Desf.
2. Arten mit zerbrechlicher Spindel (bespelzter Weizen), die Körner bleiben beim Drusche zwischen den Spelzen eingeschlossen:
a) Spelz, Spelt oder Dinkel, Triticum spelta L., diese Weizenart wird in Vorarlberg mit Vorliebe gebaut und führt dort den Namen „Veesen",
b) Emmer, Triticum dicoccum Schrk. Wird besonders in Vorarlberg gebaut.

Unsere kultivierten Weizenarten sind sämtlich nicht in Europa heimisch, sondern stammen aus wärmeren, südlicheren und zugleich östlicheren Ländern, und zwar Englischer Weizen und Hartweizen wahrscheinlich aus Nordostafrika, Emmer wahrscheinlich aus Vorderasien. Spelz und Gemeiner Weizen sind nach neuerer Ansicht wahrscheinlich Abkömmlinge eines Bastardes zwischen einer echten Weizenart und einer Art der verwandten Gattung Aegilops (Walch), die Heimat ist im östlichen Vorderasien und benachbarten Zentralasien zu suchen.

Im Handel unterscheidet man nach den Produktionsgebieten folgende Sorten:

1. Österreichischer Weizen: Niederösterreichischer Weizen, und zwar Grannenweizen mit roten Körnern und Kolbenweizen mit gelben Körnern (Westbahn-, Marchfelder-, Nordwestbahn-, Franz Josefs-Bahn- und Wiener Boden-Weizen), Oberösterreichischer Weizen und Burgenländischer Weizen;
2. Tschechoslowakischer Weizen: Slowakischer, Böhmischer und Mährischer Weizen;
3. Ungarischer Weizen: Theiß-, Südbahn-, Pesterboden-, Raaber-, Wieselburger- und Plattensee-Weizen;
4. Rumänischer Weizen: Bessarabischer, Siebenbürger-, Banater-, Wallach- und Moldau-Weizen;
5. Jugoslawischer Weizen: Theiß- (Jugotheiß-), Bacska-Banater-, Altserb- und Syrmischer Weizen;
6. Bulgarischer Weizen: Wird unter dem Namen Bulgarweizen gehandelt;
7. Polnischer Weizen[1]): Galizischer (weißer, gelber und Sandomirweizen) und Posener-Weizen;
8. Russischer Weizen: Azima-Weizen, Nordrussischer, Sibirischer und Südrussischer Weizen;
9. Deutscher Weizen: Sächsischer Weizen (großkörnig und mehlig), Saale-Weizen, Bayrischer und Schlesischer Weizen;

---

[1]) In der botanischen Fachliteratur versteht man unter „Polnischer Weizen" (Triticum polonicum L.) etwas hievon ganz verschiedenes, nämlich eine (in Mitteleuropa sehr selten gebaute) eigene Weizenart, mit auffallend langen, papierartig-krautigen Hüllspelzen, die man auf eine Bildungsabweichung des Glasweizens zurückzuführen pflegt.

10. Überseeischer Weizen mit meist kleinen bis mittelgroßen, hellroten bis rötlich braunen, stark glasigen Körnern. Die bekanntesten Handelssorten sind: Nordamerikanischer Weizen (Kansas-, Winter-, Redwinter-, Sommer- (Spring), Kalifornischer Weizen usw.); Kanadischer Weizen (Manitoba I—VI); Südamerikanischer Weizen (Argentinischer, La Plata- und Brasil-Weizen, Entre Rio-, Rosa Fe-, Baruso-Weizen); Indischer Weizen; Australischer Weizen.

„Halbfrucht" sind Mischungen von Weizen und Roggen, die in manchen Gegenden zusammen angebaut werden.

B. Roggen

Die Handelsware, die hauptsächlich zur Mehlbereitung verwendet wird, stellt die reifen, unbespelzten Körner der einzigen in Großkultur vorkommenden Art Secale cereale L. dar.

Die Heimat des Roggens liegt im nordöstlichen Vorderasien und benachbarten Zentralasien. Er dürfte nicht von alten Kulturländern des Mittelmeergebietes aus, sondern nördlich des Schwarzen Meeres über Osteuropa nach Mitteleuropa eingeführt worden sein; dieser Ansicht entsprechen auch seine geringeren Wärmeansprüche.

Im Großhandel sind folgende Sorten anzutreffen:

1. Österreichischer Roggen: Niederösterreichischer Roggen (Marchfelder, Wiener Boden-, Nordwestbahn- und Waldviertler Roggen), Oberösterreichischer und Burgenländischer Roggen;
2. Tschechoslowakischer Roggen: Böhmischer, Mährischer und Slowakischer Roggen;
3. Ungarischer Roggen: Nyirer-, Pesterboden-, Südbahn- und Raaberboden-Roggen;
4. Rumänischer Roggen: Neurumänischer und Altrumänischer Roggen;
5. Jugoslawischer Roggen: Altserbischer Roggen;
6. Bulgarischer Roggen;
7. Polnischer Roggen: Galizischer und Posener Roggen;
8. Deutscher Roggen: Bayrischer und Sächsischer Roggen;
9. Russischer Roggen: Nordrussischer, Südrussischer und Ukrainer Roggen;
10. Überseeischer Roggen: Nordamerikanischer (Western I, II, III K), Kanada-Roggen, Argentinischer Roggen.

Bezüglich „Halbfrucht" siehe oben.

C. Gerste

Die Gerste dient im gekeimten und gedarrten Zustand als Malz (zur Bereitung von Malzpräparaten, Bier und Malzkaffee), geröstet als Gerstenkaffee, geschält und poliert als Rollgerste, vermahlen als Mehl zur menschlichen Ernährung.

Von den botanischen Arten kommen hiefür in Betracht:

1. Die zweizeilige Gerste, Hordeum distichon L., deren mit den Spelzen verwachsene Körner auf der Ährenspindel in zwei Reihen angeordnet sind. Man unterscheidet von dieser Art:

a) die nickende zweizeilige Gerste, Hordeum distichon var. nutans Metzg., mit ihren Hauptvertretern, den Landgersten, zu welchen auch die durch Zucht veredelte, weltberühmte „Hanna-Gerste" zu zählen ist, und

b) die aufrechte zweizeilige Gerste, Hordeum distichon var. erectum Schübl., zu welcher die grobkörnigen Imperialgersten gehören.

2. Die vierzeilige Gerste, Hordeum vulgare L. Die tatsächlich in 6 Reihen stehenden Körner sind infolge Ineinandergreifens von je zwei benachbarten Körnerzeilen so angeordnet, daß die Ähre vierzeilig erscheint. Die Körner sind ebenfalls mit den Spelzen verwachsen. Sie kommt als sogenannte „krummschnäbelig gewachsene Futtergerste" in den Handel und wird, neben zu Brauzwecken nicht geeigneter zweizeiliger Gerste zur Rollgerste- oder Perlgerstenerzeugung verwendet.

3. Die sechszeilige Gerste, Hordeum hexastichon L. Die mit den Spelzen verwachsenen Körner stehen an der Ährenspindel in sechs Reihen. Sie dient hie und da zur Rollgersten- oder Gerstenkaffee-Erzeugung. Für Brauzwecke wird sie in Europa ebenso wie die vierzeilige Gerste wenig verarbeitet.

4. Die nackte Gerste, Kaffee- oder Jerusalemgerste, Hordeum nudum L. Es ist dies eine beim Dreschen aus den Spelzen fallende Gerste, die in der Gerstenkaffee-Erzeugung Verwendung findet, aber selten auf dem Markte erscheint.

Die Heimat aller Gerstenarten liegt in Vorderasien, vielleicht zum Teil auch in Nordostafrika.

Im Handel werden die Gerstenarten nach ihrer Verwendungsweise und den Produktionsgebieten unterschieden in:

I. Braugerste

Zu diesen gehören alle Arten, die sich für Brauzwecke eignen. Nach Herkunftsgebieten kommen für den Handel nachstehende Sorten in Betracht:

1. Österreichische Gerste: Marchfelder-, Wiener Boden-, Franz Josefs-Bahn-, Nordwestbahn-, Burgenländische, Innviertler- und Oberösterreichische Gerste;

2. Tschechoslowakische Gerste: Hanna-Gerste, Mährische, Böhmische und Slowakische Gerste (Slowakische, Nordbahn-, Schütter-Gerste);

3. Ungarische Gerste: Raaber-, Wieselburger-, Südbahn-, Weißenburger- und Theiß-Gerste;

4. Rumänische Gerste: Siebenbürger-, Banater-, Moldau- und Wallach-Gerste;

5. Jugoslawische Gerste: Theiß-, Donau- und Fünfkirchner-Gerste;

6. Kontinentale Gerste: Dänische Gerste, Deutsche Gerste (Bayrische, Franken-, Saale-Gerste).

II. Industriegerste (Schäl- und Kaffeegerste)

Zu diesen werden die in einzelnen Gegenden Österreichs und in der Theißgegend gebauten glasigen, zwei-, vier- und sechszeiligen Gersten gezählt. Gleichen Zwecken dienen auch zweizeilige Gersten aus Rußland und Ägypten.

III. Futtergerste

Hieher gehören alle als Braugerste und Industriegerste nicht verwendbaren Gerstensorten, russische Futtergerste sowie Abfallgerste aller Art.

D. Hafer

Der Hafer bildet das Rohmaterial zur Darstellung von Hafergrütze (geschälter Hafer), Haferflocken (geschälter und gequetschter Hafer) und Hafermehl (Kindernährmehl).

Von den botanischen Arten des Hafers kommt für den österreichischen Handel fast nur der Gemeine Hafer, Avena sativa L., in Betracht, welcher bei uns vorwiegend in der Varietät Rispenhafer, Avena sativa var. diffusa Neilreich, mit allseitswendiger lockerer Rispe, seltener in der Varietät Fahnenhafer, Avena sativa var. contracta Neilreich = Avena orientalis Schreber, kultiviert wird. Die Körner des Hafers sind von den Spelzen umschlossen, ohne mit ihnen verwachsen zu sein. Je nach der Sorte sind die Spelzen weißlich oder gelb bis schwarzbraun gefärbt.

Man unterscheidet im Handel nach den Anbaugebieten:

1. Österreichischer Hafer: Niederösterreichischer Hafer (Waldviertler), Burgenländischer und Oberösterreichischer Hafer;
2. Tschechoslowakischer Hafer: Böhmischer und Mährischer Hafer (oft zur Erzeugung von Haferflocken verwendet), Slowakischer Hafer;
3. Ungarischer Hafer;
4. Rumänischer Hafer: Siebenbürger- und Donau-Hafer;
5. Jugoslawischer Hafer: Altserbischer und Bacska-Hafer;
6. Bulgarischer Hafer;
7. Polnischer Hafer: Galizischer Hafer;
8. Russischer Hafer: Die russischen Haferprovenienzen gelangen in Jahren schlechter Ernte nicht auf den Wiener Platz;
9. Überseeischer Hafer: Nordamerikanischer Hafer, Kanada-Hafer, Südamerikanischer Hafer.

E. Mais

Vom Mais (Kukuruz, Türkenweizen, Wälschkorn) gibt es nur eine einzige botanische Art, Zea mays L. Er stammt aus Mexiko und gilt als Kulturabkömmling einer erblichen Bildungsabweichung des Teosinte-Grases, Euchlaena mexicana Schrader.

Der Mais wird besonders in Ungarn, den Donaustaaten, Italien, Spanien, in der Türkei und auch in einigen Teilen Österreichs zur Erzeugung von Maisgrieß verwendet, aus dem man „Polenta", „Mamaliga" oder Sterz, „Riebel" (in Vorarlberg) und auch Brot bereitet.

Das Hauptproduktionsland ist Amerika, besonders die Vereinigten Staaten von Nordamerika und Argentinien.

Die ungemein zahlreichen Varietäten und Arten lassen sich in folgende drei Hauptgruppen unterscheiden:

1. Gemeiner Mais, mit rundlichen, an der Basis plattgedrückten und keilförmigen Körnern von weißer oder gelber bis rötlicher Farbe.

2. Pferdezahnmais, dessen Körner eine der Rinne (Kunde) in der Krone des Pferdeschneidezahnes sehr ähnliche Vertiefung besitzen, welche das charakteristische Merkmal dieser Maissorte bildet. Die Farbe der Körner ist meist gelb oder weiß.

3. Kleinkörniger Mais, der im Vergleiche mit den beiden vorgenannten Maissorten kleine, scharfkantige Körner von roter oder orangegelber, seltener von weißer bis blaßgelber Farbe hat.

Im Handel unterscheidet man:

A. Cinquantin: der Hauptvertreter des vorhin genannten kleinkörnigen Maises, der in den südlichen Alpenländern ausschließlich zur Polentamehlerzeugung verwendet wird. Besonders beliebt ist der ungarische Cinquantin wegen seiner Glasigkeit; er ist der Gefahr, zu verderben, in geringerem Grade ausgesetzt als der mehlige, rumänische Cinquantin.

Von den kleinkörnigen Maissorten werden mitunter die Früchte einer weißen, spitzsamigen Abart (weißer Spitzmais) scharf geröstet, wodurch die einzelnen Körner unregelmäßig aufplatzen; dieses so gewonnene Produkt wird unter dem Namen „Crispetti" als Genußmittel feilgeboten.

B. Mahlmais: er ist von kleinkörniger, roter, runder, auch eckiger Körnerbildung und wird gleichfalls für Mahlzwecke verwendet.

C. Mais (schlechtweg): er umfaßt sowohl Sorten des Gemeinen als des Pferdezahnmaises und dient besonders in Jahren, in welchen die Kartoffelernte gering und der Weizen teuer ist, hie und da zur Maismehlgewinnung.

Nach Herkunftsgebieten werden im Handel besonders unterschieden:

1. Österreichischer Mais: Niederösterreichischer Mais (Bockfließer), Tiroler-Landmais und Vorarlberger-Mais;

2. Ungarischer Mais: Gelbmais (Rundmais), Zahnmais (weiß, gelb, auch gemischt), Putymais, Cinquantin, Goldzahnmais, Pignoletto und Zigeunermais;

3. Rumänischer Mais: Gelbmais (Rundmais), Zahnmais (weiß, gelb und gemischt), Kleinmais, Bessarabischer und Goldzahnmais, Pignoletto;

4. Jugoslawischer Mais: Gelbmais (Rundmais), Zahnmais (weiß, gelb, auch gemischt), Putymais, Cinquantin, Goldzahnmais, Pignoletto und Altserbischer (Gelb- und Weißmais);

5. Bulgarischer Mais: Gelbmais (Rundmais) und Weißmais (Rund- oder Zahnmais);

6. Überseeischer Mais: Nordamerikanischer Mais (Yellow-, Mixed- und Virginiamais); Südamerikanischer Mais (Gelb- und Rotplatamais); Afrikanischer Mais (Natalmais); Kalkuttamais (Klein- und Rundmais).

Anmerkung: Künstlich getrockneter Mais erscheint im Handel als „Dörrmais". Sein Wassergehalt darf 14 Prozente nicht übersteigen.

F. Reis

Der Reis gehört zu einer einzigen botanischen Art, Oryza sativa L., welche im tropischen Asien (und vielleicht auch in Afrika und Nordost-Australien) heimisch ist und eine sehr große Zahl von Kultursorten umfaßt. Er wird seit langer Zeit in allen entsprechend warmen Ländern kultiviert. Eine stärker abweichende, für die Einfuhr nach Europa nicht in Betracht kommende Varietät ist der Klebreis, Oryza sativa var. glutinosa (Oryza glutinosa Loureiro), dessen Früchte Amylodextrin anstatt Stärke enthalten.

Der Reis ist die Hauptnährfrucht Ost- und Südasiens. Er wird aber auch in Nord- und Südamerika, Ostafrika, Italien, Ungarn und anderen Ländern gebaut. Seine von den Spelzen befreiten, geschliffenen und zumeist unter Verwendung von Talkpulver polierten („talkumierten") sowie auch geölten Körner dienen auch in Österreich allgemein als wichtiges und beliebtes Nahrungsmittel.

Der einfach „geschälte" Reis unterscheidet sich vom „polierten" Reis dadurch, daß er noch den Keim enthält, der rund 2 mm lang und dem Rücken der Frucht entsprechend oberflächlich geschrumpft ist. Er springt in der Mitte kielartig vor und liegt am unteren Ende der etwas stärker gewölbten Kante. Im „polierten" Reis, dem sogenannten Koch- und Tafelreis, ist vom Keim nichts oder höchstens nur noch ein Rest vorhanden, weshalb die Körner am unteren Ende schief gestutzt oder schief ausgeschnitten erscheinen.

Bei der Herstellung des Konsumreises abfallende, gebrochene Reiskörner kommen als „Bruchreis" auf den Markt. Dessen Wert hängt von seinem Aussehen und von der Art (Größe) des Bruches ab, der seltener zur menschlichen Ernährung, zumeist aber für die Herstellung von Reismehl und Reisstärke verwendet wird.

In neuester Zeit kommt auch sogenannter „Puff-Reis" auf den Markt; dies ist geweichter, durch ein Backverfahren gequollener und abgetrockneter Reis.

Die gangbarsten, nach Ursprungsländern und Ausfuhrhäfen bezeichneten Handelssorten von Reis sind folgende:

1. Italienischer Reis

Die am häufigsten gehandelten Sorten sind: Carolina, Gigante, Splendore und Naturale. Von jeder dieser Sorten gibt es mehrere Qualitäten.

2. Ostindischer Reis

Hieher gehören z. B. Birma- (Burmah-), Bengal-, Siam-, Saigoon-, Aracan-, Moulmain-, Bassein-, Patna-, Rangoon-Reis usw.

3. Amerikanischer Reis

Seine Hauptproduktionsgebiete sind Mexiko und Kalifornien, seine Hauptsorte „Blue Rose".

4. Javareis

5. Japanreis

Er steht in seiner Qualität ungefähr in der Mitte zwischen den beiden erstgenannten Sorten, wird aber durch ostindische Sorten, die ihm an Qualität nicht nennenswert nachstehen, mehr und mehr verdrängt.

G. Hirse

Hirse sind die von Spelzen umschlossenen Früchte von:
1. Rispenhirse, Panicum miliaceum L., welche je nach der Beschaffenheit ihres Fruchtstandes
   a) als Flatterhirse, mit lockerer, allseitig ausgebreiteter Rispe oder
   b) als Klumphirse, mit zusammengezogener Rispe, bezeichnet wird.

Die Rispenhirse stammt wahrscheinlich aus dem östlichen Vorderasien oder den benachbarten Teilen Innerasiens.

2. Kolben- oder Borsthirse, Setaria italica Beauv.

Die Kolbenhirse gilt als Kulturabkömmling des grünen Borstengrases, Setaria viridis L., das in Asien (wahrscheinlich in Indien) heimisch ist, sich aber auch in Europa eingebürgert hat.

Von den Spelzen befreite (geschälte) Hirsefrüchte bilden den sogenannten „Brein", ein dem Reis in seiner Verwendung ähnliches Nahrungsmittel.

Im Handel erscheint die Hirse ungeschält.

Man unterscheidet hauptsächlich folgende Herkunftssorten:
1. Österreichische Hirse (aus Steiermark, grau und rot);
2. Ungarische Hirse (grau und rot);
3. Rumänische Hirse;
4. Bulgarische Hirse;
5. Persische Hirse;
6. Russische Hirse.

H. Buchweizen

Der Gemeine Buchweizen, Fagopyrum sagittatum Gilib., gehört zur Familie der Knöterichgewächse (Polygonaceae). Seine Heimat ist Mittelasien (Nordchina, Südsibirien und Turkestan).

Für den menschlichen Genuß werden die dreikantigen Früchte verwendet. Sie besitzen eine glatte, glänzende Samenschale, sind je nach der Sorte von brauner oder silbergrauer Farbe, häufig auch grau, braun oder schwarz gefleckt.

Als häufige Verunreinigungen der Handelsware finden sich neben den Früchten von Fagopyrum tataricum (L.) Gaertner[1]), dem „Wildheiden", auch die Samen verschiedener anderer Knöterricharten (Polygonum), der Melde (Atriplex), Gänsefuß (Chenopodium), Feldspörgel (Spergula) u. a. m.

Der Gemeine Buchweizen, auch „Heiden", „Heidekorn" oder „Plenten" genannt, wird vorwiegend in Niederösterreich, Steiermark, Kärnten und Osttirol, ferner in Deutschland, Ungarn, Polen und Rußland gebaut.

Buchweizen dient in einigen Gegenden Österreichs, besonders in Steiermark, Kärnten und Tirol, im geschälten und zerkleinerten Zustande (Buchweizengrütze, Buchweizenmehl) als Nahrungsmittel.

Im Handel unterscheidet man nach der Herkunft folgende Sorten:
1. Österreichischer Buchweizen: Steirischer, Kärntner und Marchfelder Buchweizen;
2. Ungarischer Buchweizen;
3. Polnischer (Galizischer) Buchweizen;
4. Russischer Buchweizen;
5. Überseeischer Buchweizen.

Produktions- und Handelsverhältnisse. Getreide, das für die menschliche Ernährung bestimmt ist, muß gewisse allgemeine Eigenschaften haben, die seine Eignung als Nahrungsmittel bedingen. Daneben sind noch bei einzelnen Arten besondere Anforderungen zu stellen, die mit dem jeweiligen Verwendungszweck zusammenhängen.

In die erste Kategorie gehören der „Griff", der Geruch, die Farbe und die Herkunft, die durch Sinnenprüfung, ferner das Hektolitergewicht und die Verunreinigungen (der „Besatz"), die auf physikalischem Wege ermittelt werden.

---

[1]) Der tatarische oder sibirische Buchweizen, Fagopyrum tataricum (L.) Gaertner, der aus den nördlichen Teilen Zentralasiens stammt und mehr Kälte verträgt, ist minderwertig. Er findet sich häufig als Unkraut in Feldern des gemeinen Buchweizens, wird aber (in kühleren Gebirgslagen) auch für sich allein angebaut, und zwar meistens nur als Futterpflanze. Seine Früchte unterscheiden sich vom gemeinen Buchweizen nur dadurch, daß die Kanten der Früchte ausgeschweift gezähnt sind.

A. Griff: Der „Griff" soll gut sein, das heißt, die Hand muß, je nach der Getreideart, leicht in das zu beurteilende Getreide eindringen; auch soll es sich trocken anfühlen und rasch der Hand entgleiten;

B. Geruch: Das Getreide muß vollständig frei von jedem fremdartigen Geruche sein und darf besonders keinen Dumpf- und Schimmelgeruch zeigen;

C. Farbe: Die Farbe des Getreides soll lebhaft und mehr oder weniger glänzend sein;

D. Herkunft: Die Herkunft ist für den Praktiker bei der Beurteilung des Getreides ein wertvoller Behelf, weil er daraus auf die Verwendbarkeit des Getreides für die Herstellung bestimmter Nahrungsmittel zu schließen vermag;

E. Hektolitergewicht: Das Hektolitergewicht der einzelnen Getreidearten schwankt je nach Jahrgang, Herkunft, Putzung, Reinheit usw. innerhalb verhältnismäßig weiter Grenzen und beträgt bei

Weizen mindestens 76 kg,
Roggen   „   71 „ ,
Gerste   „   62 „ ,
Hafer   „   40 „ .

F. Verunreinigungen („Besatz"): Das Getreide (Handelsgetreide) kommt nie vollkommen rein in den Handel; es enthält immer mehr oder weniger Beimengungen, die teils vom Felde stammen (wie Unkrautsamen, Erde und Steinchen), teils bei den verschiedenen landwirtschaftlichen Manipulationen zufällig hineingelangen. Die Feststellung der Art und Menge dieser Verunreinigungen ist von besonderer Wichtigkeit, da sie häufig die Ursache von Beanstandungen der aus Getreide erzeugten Nahrungsmittel sind.

Als Verunreinigungen werden angesehen:

1. Getreidekörner einer anderen als der angegebenen Getreideart;

2. Getreidekörner, die von Brandpilzen befallen sind, wie z. B. Weizen vom Steinbrand, Tilletia Tritici Wtr. und Tilletia laevis Kühn; Hafer vom Flugbrand, Ustilago Avenae Jens. und Ustilago Kolleri Wille usw. Die durch das Zerplatzen der brandigen Körner freigewordenen Sporen setzen sich besonders am sogenannten „Bärtchen" des Weizenkornes ab. Solcher Weizen wird als „spitzbrandig" bezeichnet und ist an dem starken Geruch nach Heringslake (Trimethylamin) leicht zu erkennen;

3. Mutterkorn, Claviceps purpurea Tul., bei Roggen, selten bei Weizen und Gerste;

4. Unkrautsamen (Hauptbestandteil des „Ausreuters").

Ein Teil der letzteren wirkt gesundheitsschädlich (giftig), während der andere Teil die Farbe des aus dem Getreide gewonnenen Mehles beeinflußt oder dem Mehle einen unangenehmen Geruch oder Geschmack verleiht:

a) Unkrautsamen mit gesundheitsschädlicher (giftiger) Wirkung: Taumellolch, Lolium temulentum L.; Kornrade, Agrostemma Githago L.; Adonisröschen, Adonis aestivalis L.; Ackerwinde, Convolvulus arvensis L. u. a. m.;

b) Unkrautsamen, welche die Farbe des Mehles beeinflussen: Ackerhahnenfuß, Ranunculus arvensis L.; Klappertopfarten, Alectorolophus sp.; Kornrade, Agrostemma Githago L.; verschiedene Arten von Platterbse, Lathyrus spec. und Wicken, Vicia spec.; Ackertrespe, Bromus secalinus L.; Saatkuhnelke, Vaccaria parviflora Moench; Wachtelweizenarten, z. B. Melampyrum arvense L., M. barbatum W. K. und M. cristatum L. u. a. m.;

c) Unkrautsamen, die dem Mehle einen unangenehmen Geruch oder Geschmack verleihen: Ackersenf, sogenannter „Hederich", Sinapis arvensis L., sowie andere mitunter vorkommende Senfarten, wie Sinapis alba L. und Brassica nigra (L.) Koch; Hohldotter, Neslia paniculata (L.) Desv.; Feldpfennigkraut, Thlaspi arvense L.; Feldrittersporn, Delphinium consolida L.; Feldspörgel, Spergula arvensis L.; Wachtelweizen, Melampyrum arvense L.; Syrische Skabiose, Cephalaria Syriaca Schrad.; Koriander, Coriandrum sativum L.; Saatkuhnelke, Vaccaria parviflora Moench; Muskathyazinthe, Muscari comosum Mill.; Spießblättrige Melde, Atriplex hastatum L.; Schabzigerklee, Trigonella coerulea (L.) Ser., (verleiht dem Roggenmehl den sogenannten Bärenzuckergeruch); Steinklee, Melilotus officinalis (L.) Lam., (verleiht dem Mehl einen Zimtgeruch);

d) Indifferente Unkrautsamen: Kornblume, Centaurea Cyanus L.; Gemeiner Knöterich, Polygonum Persicaria L.; Windenknöterich, Polygonum convolvulus L.; Feldkamille, Anthemis arvensis L.; Haftdolde, Caucalis daucoides L.; Reinkohl, Lapsana communis L.; Labkrautarten, Galium aparine L. und G. tricorne With u. a. m.;

5. Brutzwiebelchen von wilden Laucharten, Allium vineale L. und Allium oleraceum L., verleihen dem Mehle einen starken knoblauchartigen Geschmack;

6. Verschiedene Insekten, wie der häufig vorkommende schwarze Kornkäfer, „Wippel", Calandra granaria L., der im amerikanischen Getreide zeitweise auftretende indische Korn- oder Reiskäfer, Calandra Oryzae L. u. a.;

7. Das Weizenälchen, Tylenchus Tritici Roffr., das die sogenannten „Radenkörner" oder „Gichtkörner" hervorruft;

8. Schildwanzen oder Weizenwanzen (mehrere Arten der Gattungen Eurygaster und Aëlia), welche mit ihrem Saugrüssel die milchreifen Körner anstechen und aussaugen. Die durch den Stich beschädigten Weizenkörner geben ein äußerst minderwertiges Mahlgut, weil das daraus erzeugte Mehl für Koch- und Backzwecke nicht geeignet ist.

9. Erde, Steine, Drahtstücke, Nägel, Stroh, Sackbänder usw.

Die Anforderungen, die hinsichtlich der Verunreinigungen (Punkt 1 bis 9) an das Getreide gestellt werden, bewegen sich handelsmäßig in engen Grenzen. Das Konsumgetreide darf ohne Unterschied der Getreideart höchstens 2,5 Prozente Verunreinigungen enthalten. Die Börse für landwirtschaftliche Produkte in Wien setzt in ihren „Usancen" bei Verkäufen ohne Muster als Höchstmaß des „Besatzes" fest, bei:

Weizen	2	Gewichtsprozente
Roggen	4	,,
Braugerste	1	,,
Brennereigerste und Gerste für die Rollgersteerzeugung	4	,,
Hafer	3	,,
Hirse	2,5	,,
Buchweizen	3	Zählprozente

Getreide, welches der menschlichen Ernährung dienen soll, ist naturgemäß weit sorgfältiger zu reinigen als gewöhnliche Handelsware. Mit den modernen Reinigungsmaschinen (Putzmühlen, Exhaustoren, Trieuren, Magnetapparaten, Schütteltischen usw.) lassen sich fast sämtliche Verunreinigungen bis auf ganz geringe Reste von Mutterkorn, ausgewachsenen, spitzbrandigen und wanzenstichigen Körnern entfernen. Es darf daher nur tadellos gereinigtes, entspelztes und geschältes Getreide als Mahlgut Verwendung finden, so daß normales Mehl daraus hergestellt werden kann.

Für Mahlgut gelten demnach folgende Bestimmungen:

A. An nicht getreideartigen Verunreinigungen (Besatz) dürfen höchstens 0,5 Prozente enthalten sein, wovon höchstens ein Fünftel (0,1 Prozent) Mutterkorn sein darf;

B. an Auswuchs darf nicht mehr als 1 Zählprozent vorhanden sein;

C. es darf nicht in starkem Maße durch Brandsporen verunreinigt sein;

D. mit giftigen Saatgutbeizmitteln behandeltes Getreide darf als Mahlgut nicht verwendet oder diesem beigemischt werden;

E. wanzenstichiger Weizen ist für Mahlzwecke minderwertig.

Die bei den einzelnen Getreidearten zu stellenden besonderen Forderungen sind:

1. Im Weizen dürfen spitzbrandige Körner nur in geringer Menge und nicht mehr als 1 Zählprozent „Auswuchs" vorhanden sein.

2. Roggen, der für die Mehlgewinnung verwendet werden soll, darf nur 0,1 Gewichtsprozent Mutterkorn enthalten.

3. Braugerste soll aus möglichst gleichförmigen, gut entwickelten und mehligen Körnern von gesunder Farbe bestehen. Der Wassergehalt darf höchstens 15 Prozente, der Eiweißgehalt höchstens 12 Prozente in der Trockensubstanz betragen. Die Keimungsenergie soll mindestens 96 Prozente, die Keimfähigkeit mindestens 98 Prozente erreichen. (Diese beiden letzten Eigenschaften können erst vom November des Ernte-

jahres an gefordert werden.) Zu stark gedroschene Gerste eignet sich zur Malzerzeugung nicht. Das Hektolitergewicht von Braugerste soll über 66 kg betragen. Gerste mit einem Hektolitergewicht von 62 kg bis 66 kg ist als Industriegerste verwendbar, während Gerste mit einem Hektolitergewicht unter 62 kg als Futtergerste zu bezeichnen ist. Künstlich getrocknete Gerste ist als solche zu kennzeichnen.

4. Bei Mais zu Mahlzwecken ist das besondere Augenmerk auf seine Trockenheit zu richten, weil nasser Mais während des Transportes sehr leicht verschimmelt.[1]) Als Norm hat bis auf weiteres zu gelten, daß der „Mais zu Mahlzwecken" keinen sogenannten „Kalkgeruch" (Maisgeruch) zeigen und nicht mehr als 5 Prozente verdorbener Körner enthalten soll.

5. Hirse darf keine brandigen Körner führen. Die Spelzen der Hirse sollen sich leicht von den Körnern trennen lassen, das heißt, sie soll „breinfähig" sein.

6. Buchweizen soll keinen „Wildheiden", nicht mehr als 15 Zählprozente „Auswuchs" und nicht mehr als 5 Zählprozente unreifer (tauber) Körner enthalten.

7. Vom Reis ist zu fordern, daß er rein und trocken sei. Mehlstaub, Spelzen und andere Verunreinigungen sollen im Reis nicht vorkommen. Die vom „Polieren" des Reises an den Körnern haftenbleibende Menge von Talkpulver übersteigt erfahrungsgemäß 1 Prozent (auf Trockensubstanz gerechnet) nicht.

Im reellen Handel mit Getreide nicht erlaubte Verfahrensarten sind: das Besprengen des Getreides mit Wasser; das Beimengen von Hintergerste oder Haferhülsen zu Hafer, das Mischen von Reissorten verschiedener Kochfähigkeit und das Mischen von Reissorten verschiedener Herkunft; weiters das künstliche Bleichen, und zwar besonders das Schwefeln der Gerste, die Behandlung mit nitrosen Gasen und endlich das Behandeln des Reises mit Stärkezuckersirup (Glykose), sowie das Schönen des Reises mit Indigo, Ultramarin u. dgl. ohne ausreichende Kennzeichnung.

Bezüglich des „Talkumierens" der aus Gerste hergestellten Rollgerste vgl. Heft XXXVI, „Mehl und Mahlprodukte", S. 6.

2. Probeentnahme

Im Getreide sind nie alle Bestandteile gleichmäßig verteilt. Die kleineren Teile, wie Erde, Sand, kleine Unkrautsamen usw., setzen sich meist am unteren Ende des Sackes oder am Boden des Waggons, Schleppers oder Lagerraumes ab. Es muß daher zwecks Erzielung eines dem Durchschnittscharakter der Ware entsprechenden Musters

---

[1]) Der Konsum verdorbenen Maises wurde häufig mit dem Auftreten der „Pellagra", einer in südlichen Ländern vorkommenden Krankheit, in Verbindung gebracht.

bei der Probeentnahme (Bemusterung) die größte Sorgfalt verwendet werden.

Je nach der Größe der zu bemusternden Warenpartie wird der Bemusterungsvorgang verschieden sein:

a) Probeentnahme aus einzelnen Säcken: Einzelne Säcke der gleichen Warenpartie sind derart zu bemustern, daß mit Hilfe eines Probestechers dem Sacke am Schopfende, in der Mitte und unten Muster entnommen werden. Diese Teilmuster sind zu vereinigen, gut durchzumischen und in einem Papier-, Leinen- oder Jutesäckchen zu verwahren;

b) Bemusterung von Ladungen (gesackt oder in loser Schüttung, „alla rinfusa"): Bei gesacktem Getreide sind bei jeder Waggonladung (Partie oder Kammer eines Warenbootes) die Muster mindestens aus 5 Säcken, bei „alla rinfusa"-Ladungen an mindestens 5 Stellen und womöglich mit dem Getreidestecher aus verschiedenen Tiefen (mindestens 50 cm tief) zu entnehmen. Die Größe des entnommenen Gesamtdurchschnittsmusters richtet sich nach der Menge der zu bemusternden Warenpartie. In keinem Falle soll das Gewicht des Durchschnittsmusters jedoch unter 1 kg betragen. Wenn es sich um Feststellung des Qualitätsgewichtes handelt, so ist ein Durchschnittsmuster von mindestens 3 kg Gewicht zu entnehmen;

c) Musterziehung für die physikalisch-chemische Untersuchung: Diese Musterziehung soll zur Erzielung einer genauen Mittelprobe derzeit grundsätzlich nur mit dem Probezieher von *Komers* und *Freudl* erfolgen. Bei feuchtem Getreide und besonders bei Neumais ist, mit Ausnahme jener Proben, die für die Untersuchung auf den Wassergehalt bestimmt sind, die Verwendung von Glasgefäßen (Pulvergläsern) oder von Blechdosen unbedingt zu vermeiden, weil die Muster in solchen dicht abschließenden Behältern leicht dumpfig werden oder verschimmeln.

3. Untersuchung

Die Untersuchung des Getreides erstreckt sich auf Eigenschaften, die entweder durch Sinnenprüfung (Besichtigung, Befühlen usw.) oder durch physikalisch-chemische Untersuchung unter Zuhilfenahme von Apparaten ermittelt werden.

A. Sinnenprüfung

a) Durch Besichtigung wird die Farbe und der Glanz der Körner, die Größe und Form der Körner (Siebung, Sortierung), die Spelzenbeschaffenheit (bei Gerste) und die Sorte,

b) durch den „Griff" (Befühlen) die Beschaffenheit der Oberfläche der Körner — ob sie rauh oder glatt sind — sowie die Feuchtigkeit der Ware — ob sie „klamm" oder trocken ist — festgestellt.

c) Durch den Geruch können alle Abweichungen vom charakteristischen Getreidegeruch, wie Dumpfgeruch, Rauchgeruch usw. und endlich

d) aus den gesamten Eigenschaften festgestellt werden, ob alte oder neue Ware vorliegt.

B. Physikalisch-chemische Untersuchung

Hieher gehören: die Bestimmung des Hektolitergewichtes (Effektiv- oder Qualitätsgewicht), des absoluten („1000-Korn"-) Gewichtes, des Gehaltes an Verunreinigungen (des „Besatzes"), der Glasigkeit und Mehligkeit (bei Weizen und Gerste), des Wassergehaltes, der Keimungsenergie und Keimfähigkeit, des Gehaltes an Rohprotein, die Kochprobe (bei Reis) und der Nachweis von Konservierungs-, Schönungs- und Beizmitteln.

1. Bestimmung des Hektolitergewichtes

Die Bestimmung des Hektolitergewichtes im Handel wird bei größeren Getreidemustern mit dem geeichten 1-Liter-Prober vorgenommen. In den landwirtschaftlichen Betrieben konstatiert man das Hektolitergewicht durch vorsichtiges Füllen eines 50-Liter-Hohlmaßes, Abstreichen des überschüssigen Getreides mit einem Streichbrett und Wägen des so gemessenen Getreides. Beim Einfüllen und Abstreichen ist jede Erschütterung zu vermeiden. Kleine Muster unter 1 kg können auch mit dem geeichten $^1/_4$-Liter-Getreideprober des Bundesamtes für Eich- und Vermessungswesen in Wien auf ihr Hektolitergewicht geprüft werden.

2. Bestimmung des absoluten („1000-Korn"-) Gewichtes

Mit Hilfe des mechanisch betriebenen Probenziehers von *Komers* und *Freudl* wird das vorher von allen fremden Bestandteilen gereinigte Getreidemuster im Gewichte von 0,5 bis 1 kg in zehn Teilproben zerlegt, deren Zusammensetzung jener des Originalmusters entspricht; eine oder mehrere dieser Teilproben werden ausgezählt, abgewogen und schließlich aus ihrem relativen Gewicht das absolute Gewicht, bezogen auf Trockensubstanz, berechnet.

3. Ermittlung der Verunreinigungen (des „Besatzes")

Diese Ermittlung wird durch Auslesen aller fremden Bestandteile (Unkrautsamen, Stroh, Steine, Erde usw.) aus mindestens 100 g des Getreidemusters bewerkstelligt. Körner einer anderen als der angegebenen Getreideart sind als „Besatz" anzusehen, können aber auch getrennt angeführt werden. Die ausgelesenen Verunreinigungen werden gewogen und in Gewichtsprozenten, Auswuchs in Zählprozenten berechnet.

4. Glasigkeit und Mehligkeit

a) Weizen. Man durchschneidet dreimal je 100 Körner im *Printz*schen Farinatom, entfernt das eventuell auf den Schnittflächen befindliche Mehl mit einem weichen Haarpinsel und ermittelt die Anzahl der rein glasigen, übergehenden (halb glasigen, halb mehligen) und mehligen Körner. Das arithmetische Mittel aus den glasigen und der Hälfte der übergehenden Körner aller drei Bestimmungen ergibt die Glasigkeit in Zählprozenten.

b) Gerste. Ungefähr 500 bis 1000 Körner werden derzeit in der *Prior*schen Vakuumweiche[1]) in Kalkwasser von zehn deutschen Härtegraden durch 24 Stunden geweicht und durch weitere 24 bis 48 Stunden in dem *Prior*schen Vakuumtrockenapparat[2]) getrocknet. Man bestimmt hierauf von 500 Körnern in dem *Printz*schen Farinatom die Anzahl der mehligen Körner und berechnet schließlich den Prozentgehalt der Mehligkeit in bekannter Weise.

5. Wasser

Von den grobgemahlenen Getreidekörnern werden mindestens 5 g in Wägefläschchen genau eingewogen, bei 40 bis 50° C durch eine Stunde vorgetrocknet und sodann im Trockenschrank bei 105° C bis zur Gewichtskonstanz getrocknet, im Exsikkator erkalten gelassen und sodann gewogen. Aus dem Gewichtsverluste und dem ursprünglichen Gewicht wird der Wassergehalt des untersuchten Getreides berechnet.

In der Praxis wird häufig für die Wasserbestimmung der automatische Schnellbestimmungsapparat von *Schneider* (Straßburg) benutzt. Dieser Apparat besteht aus einem elektrisch geheizten Trockenkasten mit automatischer Wärmeregulierung und einer damit verbundenen Präzisionswaage mit Skala, auf welcher die Feuchtigkeitsgrade, in Prozenten ausgedrückt, unmittelbar abgelesen werden. Mit diesem Apparat kann eine Wasserbestimmung innerhalb 20 Minuten durchgeführt werden.

6. Keimungsenergie und Keimfähigkeit

Die Keimungsenergie bzw. Keimfähigkeit wird nach den geltenden methodischen Bestimmungen der Bundesanstalt für Pflanzenbau und Samenprüfung in Wien durchgeführt. Als Keimsubstrat dient feiner Quarzsand, der mit einem bestimmten Volumen Quellwasser gleichmäßig angefeuchtet wurde. Für Hirse und Buchweizen wird angefeuchtetes Filtrierpapier verwendet. Ausgelegt werden auf die Keimbetten viermal je 100 Körner. Als gekeimt gilt jedes Korn, bei dem das Würzelchen (radicula) sichtbar und gesund entwickelt ist. Die Temperatur

---

[1]) Eine Beschreibung der Apparate findet sich in: Allgemeine Zeitschrift für Bierbrauerei und Malzfabrikation, 1906, S. 11.
[2]) Ebenda.

beim Keimversuch soll bei Gerste, Roggen und Hafer 20° C, bei den anderen Getreidearten 30° C nicht übersteigen. Die erste Auszählung erfolgt bei Gerste und Roggen nach 72 Stunden, bei den übrigen Getreidearten nach 96 Stunden. Die Anzahl der gekeimten Körner, in Zählprozenten ausgedrückt, gibt die Keimungsenergie.

Der Abschluß des Keimversuches erfolgt bei Gerste frühestens nach 6 Tagen, bei den anderen Getreidearten nach 10 Tagen. Der Prozentsatz aller bis zum Abschluß gekeimten Körner ergibt die Keimfähigkeit der Probe.

Für die Keimfähigkeitsbestimmung wird in Handelskreisen häufig der Keimapparat von *Stainer* benutzt; dieser besteht aus einem in einem Glasuntersatz liegenden, gepreßten Tonteller, der mit einer Glasglocke abgedeckt werden kann, die behufs Ventilation eine zentrale Öffnung besitzt.

7. Rohproteingehalt

Der Rohproteingehalt wird in zirka 2 bis 3 g der feinvermahlenen Körner durch die Bestimmung des Gehaltes an Stickstoff nach der *Kjeldahl*schen Methode unter Benützung des Faktors 6,25 ermittelt und in Gewichtsprozenten der Trockensubstanz ausgedrückt. Als Optimum des Rohproteingehaltes gelten bei Braugerste 10 Prozent.

8. Kochprobe bei Reis

Reis soll sich bei der bei uns üblichen Art des Kochens in offenen Gefäßen vollkommen gleichmäßig weichkochen. Es dürfen in keinem Stadium des Kochens weiche neben harten oder breiig zerkochte neben ganzen Körnern vorhanden sein und bei der Kostprobe auch nicht mit der Zunge fühlbar sein. Für einen Kochversuch wird man in der Regel mit der $1^{1}/_{4}$- bis $1^{1}/_{2}$-fachen Menge Wasser das Auslangen finden. Die Kochdauer soll weder zu kurz noch zu lang sein, damit die Körner weder zu hart bleiben noch auch zu Brei verkochen. Der gekochte Reis muß einen angenehmen Geruch und guten, sandfreien Geschmack besitzen.

9. Schönungsmittel und gesundheitsschädliche Stoffe

Als Schönungsmittel kommen schweflige Säure, bei Reis außerdem Talk, Ultramarin, Öl und Zuckersyrup (Glykose) in Betracht. Der Nachweis der Behandlung von Reis und Rollgerste mit Talk erfolgt nach der Methode von *V. Moucka*[1]) durch Anfärbung der Körner mit Jodlösung und nachfolgende Besichtigung bei etwa 20-facher Vergrößerung, mikroskopisch nach Isolierung des an den Körnern haftenden Talkes.

Der Nachweis und die Bestimmung von Blausäure, schwefliger Säure und Äthylenoxyd (T-Gas) erfolgen nach den im Heft XLVII, „Hülsenfrüchte", S. 34 und 35 angegebenen Methoden.

---

[1]) Zeitschrift für Untersuchung der Lebensmittel 1936, 71, 175.

Sonstige gesundheitsschädliche Stoffe, die bei der Beizung des Saatgutes zur Verwendung kommen (Quecksilber-, Kupfer- und Arsenverbindungen) werden nach den üblichen Methoden der analytischen Chemie bestimmt. Hiebei ist wegen der Flüchtigkeit einzelner Verbindungen beim Veraschen es zumeist notwendig, das Untersuchungsmaterial mit Schwefelsäure oder Königswasser aufzuschließen.

Da zur Bekämpfung schädlicher Tiere (Feldmäuse usw.) in der Landwirtschaft auch Getreidekörner (Weizen, Roggen, geschälter Hafer) verwendet werden, die mit Strychnin oder mit Thalliumsalzen vergiftet sind, muß unter Umständen auch eine Prüfung auf diese Stoffe erfolgen. Derartige gifthältige Getreidearten müssen gemäß Min. Vdg., BGBl. Nr. 362/1928, mit auffallenden Farbstoffen gefärbt sein, so daß jede Verwechslung mit Konsumgetreide ausgeschlossen ist. Strychninhältiges Getreide muß gemäß § 31 dieser Verordnung auffällig rot gefärbt sein, Getreide, welches mit Thalliumsalzen behandelt ist (Zelioweizen), muß gemäß § 35 dieser Verordnung gleichfalls mit einem auffälligen Farbstoff versetzt sein. Desgleichen müssen auch alle giftigen Saatgutbeizmittel mit einem in Wasser leicht löslichen, grünen oder blauen Farbstoff versetzt sein.

4. Beurteilung

Bei der Beurteilung ist zu unterscheiden, ob es sich um Handelsgetreide (S. 10) oder um Mahlgut (S. 12) handelt. Für ersteres gelten die Richtlinien, wonach Getreide, das den Gegenstand einer der auf S. 13 aufgezählten, nicht erlaubten Verfahrensarten gebildet hat, als verfälscht zu beurteilen ist. Ferner ist den früher (S. 10 u. 12) gestellten Anforderungen nicht entsprechendes Getreide zu beanstanden, und zwar: deutlich dumpfig, schimmelig oder sonst fremdartig riechendes, stärker „bewippeltes", ausgewachsenes oder brandiges Getreide als verdorben und mehr als 0,1 Gewichtsprozente Mutterkorn enthaltendes Getreide als gesundheitsschädlich.

Mahlgut, dessen Gehalt an nicht getreideartigen Verunreinigungen (Besatz) die zulässige Höchstgrenze von 0,5 Gewichtsprozente überschreitet, mehr als 0,1 Gewichtsprozente Mutterkorn enthält oder in starkem Maße durch Brandsporen verunreinigt ist, darf für Lebensmittelzwecke nicht vermahlen werden und ist gegebenenfalls als gesundheitsschädlich zu beanstanden. Auch mit giftigen Saatgutbeizmitteln behandeltes Getreide darf wegen seiner gesundheitsschädlichen Wirkung nicht vermahlen oder anderem Mahlgut beigemischt werden. Getreide, das mehr als 20 mg Blausäure in 1 kg enthält, darf als gesundheitsschädlich zur Gewinnung von Mehl für Lebensmittel nicht verwendet werden.

Als verdorben zu bezeichnen ist übelriechendes (dumpf, muffig), verschimmeltes oder einen höheren als den zulässigen Prozentsatz ausgewachsener Körner enthaltendes Mahlgut; desgleichen solches, das von tierischen Parasiten oder deren Ausscheidungen verunreinigt ist oder größere Mengen wanzenstichiger Körner enthält.

Als verfälscht anzusehen und daher von der Verwendung für die menschliche Ernährung auszuschließen sind: denaturiertes oder mit schwefliger Säure behandeltes Getreide, ferner Reis mit einem Gehalt von mehr als 1 Prozent mineralischen Bestandteilen in der Trockensubstanz, weiters Mischungen von Reissorten verschiedener Herkunft oder verschiedener Kochfähigkeit sowie mit Glykose, Indigo oder Ultramarin behandelter Reis ohne entsprechende Kennzeichnung.

Falsch bezeichnet sind schließlich alle jene Waren, die hinsichtlich Alter, Sorte und Herkunft der gewählten Bezeichnung nicht entsprechen.

5. Regelung des Verkehres

Getreide darf sowohl bei Ladungen in loser Schüttung als auch beim Transport in Säcken weder in verunreinigten, übelriechenden oder feuchten, noch in frisch desinfizierten Wagen oder Schiffsräumen befördert oder in solchen Magazinen eingelagert werden, da es einen fremdartigen Geruch annehmen oder verderben könnte.

Im Freien gelagertes Getreide ist bodentrocken zu halten und gegen Regen entsprechend zu schützen.

Bei Ausgasungen von Mühlen oder Schiffsräumen mit Blausäure oder anderen Gasen ist auf fachgemäße Entlüftung zu achten. Claytongas (Gemisch von Schwefeldioxyd und -trioxyd) ist weniger empfehlenswert, da es die Keimfähigkeit von Getreide schädigt.

6. Verwertung des beanstandeten Getreides

Getreide, das den Anforderungen des Lebensmittelgesetzes nicht entspricht, kann, wenn nicht etwa die Verderbnis so weit vorgeschritten ist, daß sich jede Verarbeitung als unmöglich erweist, zu landwirtschaftlichen und industriellen Zwecken mit Ausnahme der Nahrungsmittelindustrie Verwendung finden.

Experten: *C. Bandler, A. Ettl* und *N. Schöngut* (Börse für landw. Produkte), *N. Hauser, S. Kuffner* und Prof. Dr. *E. Kluger* (Österr. Brauerbund), Direktor *Wilhelm Gerö* (Firma G. u. W. Löw, Angern), Kom.-Rat *A. Hornacsek*, Ing. *K. Leuthner* (Präsidentenkonferenz der landw. Hauptkörperschaften), Reg.-Rat Prof. Dr. *Erwin Janchen*, *L. Rappaport*, Börserat *M. Reif*, Kom.-Rat *L. Wozasek*.

XLVII.
Hülsenfrüchte

Referenten: Reg. Rat Dr. *Emanuel Rogenhofer* (Bundesanstalt für Pflanzenbau und Samenprüfung in Wien) und Kommissär Dr. *Viktor Moucka* (Bundesanstalt für Lebensmitteluntersuchung in Wien)

Neben dem Lebensmittelgesetz, RGBl. Nr. 89/1897, ist, soweit die künstliche Färbung von Hülsenfrüchten in Betracht kommt, die Min.-Vdg., RGBl. Nr. 142/1906, in der Fassung der Min.-Vdg., BGBl. Nr. 321/1928, zu beachten. Hinsichtlich der bei der Bearbeitung verwendeten Geschirre und Geräte gelten die Vorschriften der Min.-Vdg., RGBl. Nr. 235/1897, in der Fassung der Min.-Vdgn., RGBl. Nr. 132/1906 und BGBl. Nr. 321/1928.

1. Beschreibung

Unter „Hülsenfrüchte" versteht man im Handel die reifen, ausgedroschenen Samen einer zur großen Familie der Schmetterlingsblütler (Papilionaceen) gehörigen Pflanzengruppe. Für die menschliche Ernährung kommen bei uns die Bohne, die Pferdebohne, die Erbse, die Linse, die Kichererbse, die Sojabohne, die Platterbse und die Lupine in Betracht. Alle Hülsenfrüchte zeichnen sich durch einen relativ hohen Eiweißgehalt aus, der bis 25 Prozent und darüber steigt. Die Bohnen, Erbsen und Linsen bilden in gekochtem Zustand eine allgemein geschätzte Speise; auf Mehl vermahlen und gedämpft, werden sie zur Bereitung von Suppen- und Gemüsekonserven verwendet. Die gekochte und geschälte Pferdebohne ist in einigen Gegenden Österreichs ein wichtiges Lebensmittel; das Mehl dieser Frucht dient als Zusatz bei der Herstellung von Brot. Kichererbse, Sojabohne und Lupine werden mitunter auf Kaffee-Ersatzmittel verarbeitet; aus der Sojabohne werden Öl, Saucen, Suppenwürzen und Mehl erzeugt.

A. Bohne

Die Bohne umfaßt mehrere botanische Arten, deren für den Handel wichtigste sind:

1. Die Gartenbohne, Fisole, auch Schmink- oder Veitsbohne genannt, Phaseolus vulgaris L. Ihre Heimat ist das tropische

und subtropische Amerika, wo sie seit altersher gebaut wird. Gegenwärtig sind weit über 500 Formen bekannt, die fast über die ganze Erde verbreitet sind. Es werden sowohl hochwüchsige Schling- oder Stangenbohnen, Phaseolus vulgaris var. communis Ascherson, als auch niedrige Buschbohnen, Phaseolus vulgaris var. nanus, kultiviert. Das charakteristische Merkmal ihrer kugelrunden bis sehr langen, häufig auch nierenförmigen Samen ist ein fast kreisrunder bis länglicher, ziemlich kurzer Nabel, dessen Länge $1/8$ bis $1/7$ der Samenlänge beträgt. Nach der Form der Hülsen oder der Samen unterscheidet man zahlreiche Sortengruppen, wie Schwert- oder Speckbohnen, Phaseolus vulgaris var. compressus Savi, Eckbohnen, Phaseolus vulgaris var. gonospermus Savi, Kielbohnen, Phaseolus vulgaris var. carinatus Savi, Dattelbohnen, Phaseolus vulgaris var. oblongus Savi, Eierbohnen, Phaseolus vulgaris var. ellipticus Martens usw., die wieder nach der Samenfarbe in verschiedene Sorten eingeteilt werden. Der weitaus überwiegende Teil der im Handel vorkommenden Bohnen gehört zu dieser Art.

2. Die Feuerbohne oder türkische Bohne, Phaseolus coccineus L. Sie stammt gleichfalls aus dem tropischen Amerika. Ihre Wärmeansprüche sind jedoch etwas geringer als die der Gartenbohne, weshalb sie mehr in Gebirgsgegenden Mitteleuropas, namentlich in den Alpenländern, an Stelle der Gartenbohne gebaut wird. Von ihr werden nur hochwüchsige, schlingende Formen als Stangenbohne kultiviert. Die Samen der Feuerbohne sind bedeutend größer (bis 25 mm lang und bis 16 mm breit) als diejenigen der Gartenbohne. Der Nabel der verschieden geformten Samen hat eine linealllängliche Form, seine Größe ist $1/5$ bis $1/4$ der Samenlänge. Man kennt mehrere durch Farbe der Blüten und Samen charakterisierte Varietäten, wie die schwarze Feuerbohne, Phaseolus coccineus var. niger Martens, die weißblühende Feuerbohne, Phaseolus coccineus var. albus Martens, und die gemeine Feuerbohne, Phaseolus coccineus var. variegatus Martens. Die unreifen Hülsen werden als Schnittbohnen (Gemüse) verwendet, die reifen Samen kommen als Saatgut in den Handel.

Im großen Marktverkehr werden die Bohnen, die hauptsächlich der Spezies der Gartenbohnen angehören, nicht nach ihrer botanischen Zugehörigkeit, sondern nach Form, Farbe und Herkunft der Samen eingeteilt in:

I. Polnische (galizische) Bohnen

a) Weiße Bohnen: diese werden wieder nach Form, Größe und Qualität unterschieden in:

Kurzbohnen (eine besonders kleinfrüchtige Sorte sind die Reisbohnen);

Langbohnen (gewöhnliche Langbohnen, handgeklaubte Schmalzbohnen und Spezialschmalzbohnen);

Riesenbohnen (Zolkiewer und Przemysler, von denen eine besonders große Sorte die Kronenriesenbohnen sind).

b) Anders gefärbte Bohnen: hieher gehören folgende Handelssorten: Schwefelbohnen (eine beliebte Sorte ist „oeuil bleu"); kleine Rotbohnen, von denen man wieder runde und lange Rotbohnen unterscheidet; dunkelrote Bohnen (Politurbohnen); Wachtelbohnen, deren Grundfarbe weiß mit roter Sprenkelung ist (die bekanntesten Sorten sind gewöhnliche Wachtelbohnen, Riesen- und Türkenwachtelbohnen); Bikolor- oder Damenbohnen (Grundfarbe gelb mit brauner Sprenkelung); Feuerbohnen; Braunbohnen.

II. Bohnen aus Steiermark, Kärnten und Jugoslawien (Krain)

a) Rote Bohnen, und zwar: hellrote Bohnen (Communi); dunkelrote Bohnen; sogenannte Bocchini.

b) Anders gefärbte Bohnen: Wachtelbohnen; Langwachtel (Mandaloni); Schwefelbohnen; Grünbohnen; Strohbohnen; Leberbohnen; Kirschbohnen (letztere vier Sorten besonders in Steiermark).

III. Burgenländische, ungarische, rumänische und jugoslawische (kroatische) Bohnen

a) Weiße Bohnen mit folgenden Sorten: Perlbohnen, die „trieuriert" und auch „naturell" in den Handel kommen; Rundbohnen (kleine, mittlere und große); Langbohnen; Flachbohnen; Riesenbohnen (bessarabische).

b) Anders gefärbte Bohnen: Rotbohnen; Buntbohnen; Wachtelbohnen; braune Bohnen; Schwefelbohnen; jugoslawische (kroatische) hellgelbe Bohnen.

Von den angeführten Bohnensorten werden die polnischen (galizischen) Langbohnen und die burgenländischen, ungarischen und rumänischen Rundbohnen nicht nur „trieuriert", sondern auch „handverlesen", das heißt, nach Sortierung mit der Hand zum Verkaufe gebracht. Von den vielen börsenmäßig gehandelten Bohnensorten kommen für den Konsum im Inland hauptsächlich die Rundbohnen und die Wachtelbohnen in Betracht. Alle übrigen Sorten besitzen für den inländischen Konsum nur örtliche Bedeutung und werden zum allergrößten Teile exportiert.

B. Ackerbohne

Die Ackerbohne, Vicia Faba L., deren Heimat Vorderasien, vielleicht auch Abessinien ist, wird wissenschaftlich hauptsächlich nach der Form der Samen in drei Unterarten eingeteilt:

1. Var. minor Harz, die kleine Ackerbohne;
2. Var. equina Pers., die große Ackerbohne oder Pferdebohne;
3. Var. megalosperma (Alefeld) Beck, die Puffbohne oder Saubohne, auch Großbohne genannt.

Jede dieser Unterarten zerfällt wieder in zahlreiche Sorten, die sich durch Gestalt und Größe der Hülsen, Form und Farbe der Samen sowie Färbung der Blüten unterscheiden.

Die Ackerbohne war bis zum 17. Jahrhundert in Mitteleuropa eine der wichtigsten Hülsenfrüchte für die menschliche Ernährung, bis sie durch die mehr und mehr überhandnehmende Kultur der Gartenbohne verdrängt wurde. Heute dient sie hauptsächlich als Viehfutter, nur in Vorarlberg, Nordtirol und Kärnten wird ihr Mehl hie und da als Zusatz bei der Brotbereitung verwendet.

Die unreifen dünnschaligen Samen einiger Sorten der Puffbohne werden zuweilen wie grüne Erbsen als Gemüse, Brei oder Suppe zubereitet. Auch als Kaffee-Ersatz werden die gerösteten Samen mitunter verwendet.

C. Erbse

Die Erbse, eine uralte Kulturpflanze aus dem Orient, wird heute in zahlreichen Formen als Hülsenfrucht oder Futterpflanze in allen Kulturländern gebaut.

Die wichtigsten botanischen Hauptvarietäten der Erbse sind:
1. Die Pahl-, Kneifel- oder Rollerbse, Pisum sativum L. var. pachylobum Dierbach;
2. Markerbse oder Eckererbse, Pisum sativum L. var. quadratum L.;
3. Echte Zuckererbse, Pisum sativum L. var. saccharatum Seringe.

Hauptsächlich die reifen Samen der erstgenannten Varietät dienen für den Menschen als Speise, während von den zwei anderen Varietäten (2 und 3) vorwiegend die unreifen Samen bzw. Früchte als Gemüse verwendet werden.

Die Pahl-, Kneifel- oder Rollerbsen lassen sich wieder nach der Farbe der Blüten und Samen in zahlreiche Formen unterscheiden. So gibt es eine buntblühende Kernerbse, Pisum sativum L. var. speciosum Dierbach, eine grüne Rollerbse, Pisum sativum L. var. glaucospermum Alef., mit grünen oder blaugrünen Samen, eine helle Pahlerbse, Pisum sativum L. var. vulgare Alef., mit erbsfarbenen bis dottergelben Samen sowie zahlreiche andere Kultursorten. Sowohl die gelben als auch die grünsamigen Sorten kommen im Handel ganz oder geschält vor. Geschälte Erbsen, handelsüblich auch „Rollerbsen" genannt, zerfallen nach dem Schälprozeß leicht in die beiden Samenhälften (Keimblätter), liefern also „halbierte" Ware, die unter der Bezeichnung „Spalterbsen" auf den Markt kommt.

Das „Talkumieren", d. h. die Verwendung von Talkpulver zum Glätten, ist handelsüblich und, wenn das Glättmittel von den Erbsen wieder sauber entfernt wird, nicht zu beanstanden. Eine leichte Auffärbung der geschälten Erbsen mit unschädlichen Farbstoffen ist zulässig, Färbung mit Kupfersalzen aber unzulässig.

Nach der Herkunft werden unterschieden:
1. Niederösterreichische Erbsen;
2. Tschechoslowakische (mährische) Erbsen;
3. Polnische (galizische) und rumänische (Bukowina-) Erbsen (hauptsächlich sogenannte „Viktoria-Erbsen" und Grünerbsen);
4. Ungarische und jugoslawische Erbsen, die infolge des trockenen Klimas und der längeren Vegetationsperiode sehr häufig vom Erbsenkäfer oder „Wippel" (Bruchus pisi L.) befallen sind und zumeist nur für Schäl- und Schrotzwecke Verwendung finden;
5. Rumänische (Siebenbürger) Erbsen;
6. Russische Erbsen;
7. Holländische Erbsen (Grünerbsen).

D. Linse

Die Linse, Lens culinaris Med., ist gleichfalls eine uralte Kulturpflanze, die schon seit der jüngeren Steinzeit in Vorderasien, Süd- und Mitteleuropa der Samen wegen gebaut wurde. Ihre Stammpflanze ist vermutlich die noch heute im ganzen Mittelmeergebiet wildwachsend vorkommende Art, Lens culinaris Med. subspecies nigricans (Bieb.) Thellung., welche durch ziemlich kleine (2 bis 3 mm im Durchmesser) schwarzbraune, grau marmorierte Samen gekennzeichnet ist.

Für Ernährungszwecke kommt nur die zweite Unterart, Lens culinaris Med. subspec. esculenta (Moench) Briquet, in Betracht. Die zahlreichen hiehergehörigen Formen werden zum Teil nach der Kulturart (Sommer- und Winterlinsen), zum Teil nach Größe und Färbung der Samen unterschieden. So gibt es davon Sorten mit grünlichgelben, mittelgroßen Samen (var. vulgaris Alef.), mit kleinen, meist braunen, dunkler marmorierten Samen (var. microsperma Baumg.), ferner eine namentlich in Ägypten und Vorderasien gebaute Sorte mit kleinen, hellroten Samen (forma erythrosperma Körn.) und schließlich eine sehr großsamige, olivgelbe Sorte, die sogenannte Pfennig- oder Hellerlinse (var. macrosperma Baumg.).

Im Handel werden hauptsächlich nach der Herkunft unterschieden:
1. Niederösterreichische Linsen (besonders aus der Gegend um Eggenburg, Horn, Laa, Pulkau und Stockerau);
2. Tschechoslowakische Linsen (mährische, besonders aus der Znaimer Gegend, und vereinzelt auch böhmische Linsen);
3. Ungarische Linsen (diese bilden das Hauptkontingent des Marktes);
4. Rumänische Linsen (Banater-Linsen, die zumeist stark wippelig sind, und Siebenbürger-Linsen, die käferfrei sind);

5. Italienische Linsen (sie zeichnen sich durch schöne Farbe und besondere Größe aus und werden darnach unterschieden in media, giganti und gigantissimi);

6. Russische Linsen, die heute fast nur mehr in mittleren und kleinen Sorten auf den Markt kommen;

7. Kleine Feld- oder Zuckerlinsen, aus dem niederösterreichischen Waldviertel und aus Kärnten (grüne Linsen von 3 bis 4 mm Durchmesser);

8. Chile-Linsen, die wohl für den Weltmarkt maßgebend sind, deren Import nach Österreich aber von untergeordneter Bedeutung ist.

Bestimmte Provenienzen von Linsen sind oft sehr stark vom Linsenkäfer, Bruchus Lentis Boh., „Wippel" genannt, befallen. Sie werden deshalb einem eigenen Verfahren unterworfen, um die in den Samen enthaltenen Larven bzw. Käfer abzutöten. Dies kann durch verschiedene Giftgase oder durch Erhitzen auf bestimmte Temperaturen erfolgen. Solcherart behandelte Linsen werden im Großhandel als „sterilisierte Linsen" bezeichnet.

In mangelhaft gereinigter Handelsware sind manchmal Linsensamen enthalten, die etwas eingeschrumpft sind und auf der Samenschale rostbraune Flecken besitzen. Der Handel bezeichnet derartige Linsen als „rostig". Die Ursache dieser Erscheinung ist jedoch keineswegs ein Rostpilz, die Verfärbung dürfte vielmehr darauf zurückzuführen sein, daß die betreffenden Samen zur Zeit der Ernte noch unausgereift waren und nachträglich beim Eintrocknen sich verfärbten.

Mitunter kommen Linsen (namentlich solche von mittlerer Größe) in Verkehr, die einen beträchtlichen Gehalt (bis 40 Prozent) linsenähnlicher Samen aufweisen, die einer olivfarbigen, flachsamigen Abart der Futterwicke, Vicia sativa L., angehören. Infolge ihrer außerordentlichen Ähnlichkeit können sie in der Ware leicht übersehen werden. Jedenfalls sind derart mit Wicken vermengte Linsen zu beanstanden. Abgesehen von den morphologischen Unterschieden zwischen beiden Samen sind die Wickensamen auch noch etwas schwerer quellbar als die Linsen und besitzen einen in Wasser löslichen Farbstoff, der dem Quellwasser eine blaßgelbe Färbung verleiht. Auch in der Farbe der Keimlappen unterscheiden sich beide Arten sehr gut, da das Endosperm bei den Linsen hellolivgrün bis gelblichgrün ist, während es bei den Wicken immer blaßorangegelb ist. Der Geschmack dieser Wicken ist zum Unterschied von den Linsen schwach bitterlich.

E. Kichererbse

Die Kichererbse, Cicer arietinum L., deren Heimat Vorderasien, vielleicht auch Abessinien ist, besitzt etwas über erbsengroße, widderkopfähnliche Samen, die je nach der Sorte von schwarzbrauner (var. nigrum Alef.), kaffeebrauner (var. fuscum Alef.), dunkelroter (var.

cruentum Alef.) oder hell- bis erbsengelber Farbe (var. album Gaud.) sein können. Für Speisezwecke werden besonders die letzteren bevorzugt; vereinzelt werden sie auch auf Kaffee-Ersatz verarbeitet.

In Österreich werden die Kichererbsen für Speisezwecke nur geschält und halbiert auf den Markt gebracht. Durch den Schälprozeß wird der Keimling entfernt, es bleiben nur die beiden halbkugeligen, gelblich gefärbten Keimblätter übrig, welche ihrem äußeren Aussehen nach von gelben Spalterbsen nicht zu unterscheiden sind. Wohl aber können gespaltene Kichererbsen von gelben Spalterbsen leicht im gefilterten ultravioletten Lichte (Quarzlampe) unterschieden werden, da erstere deutlich grün, letztere dagegen rosa bis orange fluoreszieren, so daß auch Gemische beider Arten leicht festgestellt werden können.

Mit der echten Kichererbse darf nicht verwechselt werden die sogenannte Deutsche Kicher- oder Saatplatterbse, Lathyrus sativus L., deren Samen an ihrer beilförmigen Gestalt leicht kenntlich sind. Sowohl die Samen als auch die grünen Pflanzen werden heute fast ausschließlich als Viehfutter verwendet. Für den menschlichen Genuß sind sie nicht geeignet.

F. Sojabohne

Die Sojabohne, Soja hispida Moench = Glycine hispida (Moench) Max., deren Heimat Ostasien ist, wird seit uralten Zeiten in China und Japan, seit einem Menschenalter in großzügiger Weise in der Mandschurei gebaut, von wo sie in großen Mengen, namentlich zur Ölgewinnung, nach Europa eingeführt wird. Heute wird die Sojabohne auch in Indien sowie in den Vereinigten Staaten von Nordamerika, besonders auch als Grünfutterpflanze, im großen angebaut. Erst in den letzten Jahren werden auch in Europa (besonders Deutschland, Österreich, Ungarn, Tschechoslowakei, Jugoslawien und Rumänien) akklimatisierte Sorten der Sojabohne in ausgedehntem Maße gebaut. Man kennt eine ungemein große Zahl von Varietäten und Formen, die sich im Samen durch Form (runde oder flache) und Farbe (gelblich, grün, braun, schwarz), ferner durch verschiedenen Fett- und Eiweißgehalt sowie durch die verschiedene Entwicklung der grünen Pflanze unterscheiden. Die in Europa kultivierten Sorten gehören zumeist der gedunsenfrüchtigen Form mit hellfarbigem Samen an.

Im Gegensatz zu den übrigen Hülsenfrüchten besitzt die Sojabohne keine Stärke, dagegen 15 bis 22 Prozent Fett und 35 bis 45 Prozent Eiweißstoffe, die sich dadurch auszeichnen, daß sie dem Kasein der tierischen Milch ähnlich sind.

Sojabohnen sind nicht wie die gewöhnlichen Bohnen ohne weiteres genießbar, da sie einen fremdartigen, bitteren Geschmack haben und durch Kochen nicht weich („gar") werden. Die in den asiatischen Heimatländern der Sojabohne meist durch Gärungsprozesse hergestellten Speisen (wie Saucen, Würzen, Pasten und Käse) sagen dem europäischen Geschmack im allgemeinen nicht zu; nur die „Worcester-Sauce" wurde unter unsere Delikatessen aufgenommen.

In Europa dienen die Sojabohnen in größtem Ausmaße zur Erzeugung von Öl, während die Extraktions- bzw. Preßrückstände als Tierfutter verwertet werden; daneben wird auch Lezithin daraus gewonnen. Auch als Kaffee-Ersatzmittel kommen Sojabohnen in geröstetem Zustande hie und da in Gebrauch. Erst in den letzten Jahren ist man darangegangen, die Sojabohne in eine für europäische Ernährungsweise geeignete Form zu bringen: durch einfache Vermahlung gelingt das nicht, weil man ohne vorbereitende Maßnahmen — abgesehen vom bitteren Geschmack — ein nur wenig haltbares Mahlprodukt erhält. Durch Entbitterungsverfahren jedoch lassen sich geschmacklich indifferente und auch bei vollem Ölgehalt haltbare Sojamehle, auch für diätetische Zwecke, herstellen. Im Zusammenhang damit ist auch eine teilweise Ölgewinnung möglich, wobei das dem Mahlgut entzogene Öl getrennt zur Verwertung gelangt.

Von solchen durch physikalische Entbitterungsverfahren (Dämpfen) gewonnenen Sojamehlen (mit vollem oder vermindertem Fettgehalt) sind die aus den Rückständen der Ölgewinnung (die unter Anwendung von Fettlösungsmitteln, wie Benzin, Benzol, Alkohol usw., erfolgt) hergestellten Eiweißpräparate zu unterscheiden, die wegen ihrer Fähigkeit, Wasser zu binden, als lebensmittelgewerbliche Hilfsstoffe in den Handel gebracht werden.

G. Lupine

Die Lupinen sind uralte Kulturpflanzen, die schon von den Ägyptern, Griechen und Römern gebaut wurden. Sie dienten größtenteils der tierischen Ernährung, aber auch zum menschlichen Genusse und für medizinische Zwecke wurden sie verwendet.

Von den Lupinen kommen vorwiegend in Betracht: die weiße Lupine, Lupinus albus L., blaue Lupine, Lupinus angustifolius L., gelbe Lupine, Lupinus luteus L.

Wegen ihrer Bitterstoffe sind rohe Lupinen für den Menschen ungenießbar. Nach durchgeführter Entbitterung können sie jedoch für mancherlei Genußzwecke verwendet werden, so namentlich zur Herstellung von Kaffeesurrogaten und von Lupinenmehl. Sonst dienen sie nur als Vieh- bzw. Fischfutter sowie als Gründüngungspflanzen in der Landwirtschaft.

H. Andere ausländische Bohnenarten

Von diesen wären namentlich folgende zu nennen:

1. Die Kuherbse, Vigna sinensis (L.) Endl., auch Langbohne oder Kundebohne (in Amerika cow-pea) genannt, deren Heimat das äquatoriale Afrika ist. Von dieser Art werden zahlreiche Sorten in Ländern mit wärmerem Klima kultiviert.

Eine Abart der Kuherbse, Vigna sinensis var. sesquipedalis (L.) Körnike, wird vereinzelt auch in Mitteleuropa, jedoch nur zur Gewinnung der grünen, unreifen Hülsen als Gemüse gebaut. Die Samen dieser Art sind im Handel vielfach unter der Bezeichnung „Riesenstangenbohne", Jerusalembohne oder einfach als Spargelfisole bekannt.

2. Die Rangoon- oder Mondbohne, Phaseolus lunatus L., auch Java-, Kap-, Karolina-, Kratok-, Siewa- oder weiße Indianabohne genannt. Ihre ursprüngliche Heimat ist Südamerika, sie wird jedoch heute fast in allen wärmeren Gebieten Amerikas, Afrikas und Asiens sowie vereinzelt auch in den Mittelmeerländern Europas kultiviert. Eine Abart dieser Bohne, Phaseolus lunatus var. macrocarpus Benth. = Phaseolus inamoenus L., besitzt besonders große Samen und geht im Handel unter dem Namen Lima- oder Birmabohne. Die Samen dieser Bohnen sehen verschiedenen Sorten unserer gewöhnlichen Speisebohnen sehr ähnlich, so daß eine Unterscheidung oft nicht ganz leicht ist. Sie enthalten aber ein blausäureabspaltendes Glykosid, das zu Vergiftungserscheinungen führen kann.

Ihr Vertrieb als Lebensmittel ist deshalb in Österreich unzulässig. Es erscheint daher angezeigt, bei aus dem Auslande (Übersee) eingeführten Bohnen wegen der Möglichkeit einer Verwechslung mit Phaseolus lunatus besondere Vorsicht walten zu lassen.

3. Die Mungobohne, Phaseolus Mungo L., auch Urd-, Adzuki- oder Linsenbohne. Ihre Heimat ist Südasien, wo sie auch noch hauptsächlich gebaut wird. Vereinzelt wird sie auch in Nordamerika und Afrika sowie in Südeuropa kultiviert. Die Samen sind klein bis mittelgroß (meist nur 4 bis 6 mm lang), kurz walzenförmig bis schwach kantig, mit stark glänzender Samenschale. Auch von dieser Art wird eine große Zahl von Sorten gebaut, deren Samen sich hauptsächlich in Farbe und Größe unterscheiden, und zwar gibt es Sorten mit gelblichgrünen, olivgrünen, roten, braunen und schwarzen Samen.

Produktions- und Handelsverhältnisse. Die Hülsenfrüchte werden, entsprechend dem großen Bedarf, ähnlich wie das Getreide feldmäßig gebaut und wie dieses geerntet. Daher enthalten sie auch mancherlei Verunreinigungen („Besatz"), die teils vom Felde stammen, teils später zufällig in die Ware gelangen und von denen sie nach Möglichkeit befreit werden müssen, ehe sie in den Kleinverschleiß kommen.

Zu diesen Verunreinigungen gehören: Angefressene und käferhaltige, zerschlagene, notreife, brandige, stockige,[1] andersfarbige

---

[1] Als „stockig" werden die Samen solcher Bohnen bezeichnet, deren Samenschalen glanzlos, matt und rauh oder mißfärbig sind. Die Ursache davon sind zumeist Schimmelpilze, deren Auftreten darauf zurückzuführen ist, daß die Früchte entweder bei der Ernte nicht ganz ausgereift waren oder während der Reifezeit beregnet und noch nicht ganz ausgetrocknet abgeerntet und eingelagert wurden.

Hülsenfruchtkörner, ferner Samenkörner der verschiedensten Art, wie Samen von Kulturpflanzen (Getreide, Wicke, Sonnenblume usw.), Unkrautsamen (wildwachsende Wicke, Platterbse, windender Knöterich, Labkraut usw.), weiters Insekten, besonders die Larven und Käfer des oft massenhaft auftretenden Bohnenkäfers, Bruchus rufimanus Schh., Erbsenkäfers, Bruchus Pisi L., und Linsenkäfers, Bruchus Lentis Boh., endlich sonstige Verunreinigungen, wie Hülsen, Strohstücke, Erdklümpchen, Steine usw.

Die Hülsenfrüchte werden mitunter schon auf den Feldern von Krankheiten befallen, durch welche die geernteten Samen minderwertig und auch unbrauchbar werden können. So leiden die Bohnen in manchen Jahren oft sehr stark unter der Fleckenkrankheit, deren Ursache ein Schmarotzerpilz, Gloeosporium Lindemuthianum Sacc. et Magn., ist. Davon befallene Bohnen, im Handel als „brandig" bezeichnet, besitzen auf den Hülsen sowie auf den Samenschalen etwas vertiefte, unregelmäßige braune Flecken, welche besonders an weißsamigen Sorten stark hervortreten.

Bevor die Hülsenfrüchte in den Kleinhandel kommen, werden sie mit Hilfe verschiedener Maschinen (Putzmühlen, Siebe, Trieure und Sortiertrommeln) gereinigt und nach Form und Größe sortiert. Die darnach noch in der geputzten Ware verbleibenden Verunreinigungen, wie stockige, brandige, wippelige oder andersfärbige Samen, können dann nur durch Handverlesen entfernt werden.

Für die Beurteilung der Qualität der handelsüblich gereinigten Hülsenfrüchte nach dem Lebensmittelgesetze haben folgende Grenzzahlen für den „Besatz" zu gelten:

1. Bohnen . . . . 1,5 Gewichtsprozente
2. Erbsen . . . . 2 „
3. Linsen . . . . 1,5 „

Geschälte Hülsenfrüchte (Rollerbsen, Spalterbsen) müssen im Kleinhandel überhaupt frei von fremden Beimengungen sein.

Andersfärbige Körner sollen in der Ware nicht enthalten sein; sie stellen eigentlich nur einen Schönheitsfehler der Konsumware dar.

Im Großhandel ist nach den „Usancen der Börse für landwirtschaftliche Produkte" bei Bohnen 3, bei Kocherbsen 5, bei nicht sortierten Linsen 4 und bei sortierten Linsen 2 Zählprozente „Besatz" enthaltende Ware bei Verkauf ohne Muster nicht mehr lieferbar,[1]) desgleichen gelbe Erbsen mit einem Gehalt von 10 Zählprozenten an grünen oder grüne Erbsen mit 5 Zählprozenten an gelben Erbsen.

Bei geputzten Spalterbsen kommen in der Handelsware sehr häufig

---

[1]) Der Ausdruck „nicht lieferbar" besagt, daß nach den Usancen der Börse für landwirtschaftliche Produkte in Wien für derartige Waren ein prozentuell festgesetzter Nachlaß vom Vertragspreis zu gewähren ist.

Körner vor, an denen noch die Fraßspuren der Raupen oder Käfer bzw. Larven sichtbar sind; derartige Körner werden im Handel als „narbig" bezeichnet. Spalterbsen sind von den oben festgesetzten Grenzzahlen ausgenommen.

Die Mehrzahl der Hülsenfrüchte wird für den Verbrauch im unveränderten, lufttrockenen Zustande in den Kleinhandel gebracht. Nur die Erbse und die Kichererbse kommen nach Entfernung des Keimlings auch geschält (Rollerbsen) sowie geschält und halbiert (Spalterbsen) in den Verkehr. Erbsen werden mitunter auch künstlich getrocknet („Dörrerbse", siehe Heft XXIV, „Dörrgemüse", S. 167) oder auf Konserven verarbeitet. Das künstliche Auffärben geschälter (gelber und grüner) Erbsen mit unschädlichen künstlichen Farbstoffen ist insoweit zulässig, als diese Auffärbung nicht zur Vortäuschung einer besseren Qualität und nur in einem solchen Ausmaße erfolgt, daß nach dreistündigem Einweichen der Erbsen in kaltem Wasser dieses kaum gefärbt erscheint.

Die einfärbigen Hülsenfrüchte sollen gleichmäßig in der Farbe sein und die mehrfärbigen die für die betreffende Handelssorte charakteristische farbige Zeichnung aufweisen. Die Ware darf keinen wie immer gearteten Fremdgeruch besitzen; besonders zu achten ist auf Dumpf- oder Schimmelgeruch.

In einer gleichmäßigen Ware haben alle Samen nahezu dieselbe Größe. Diese Gleichmäßigkeit ist praktisch wertvoll und daher für die Verwendbarkeit wichtig, weil sich ungleich große Samen auch ungleich weichkochen. Die Hülsenfrüchte sollen die früher genannten „Käfer" („Wippel") nicht enthalten. Von „wippeligen" Hülsenfrüchten zu unterscheiden sind von Larven des Erbsenwicklers, Grapholyta nebritana Tr., Grapholyta dorsana F., angefressene Hülsenfrüchte, die nur oberflächliche Fraßgänge tragen.

Für den Konsum sind die Hülsenfrüchte der jeweilig letzten Ernte die wertvollsten, weil sie am wenigsten Zeit zum Weichkochen benötigen. Als Fristen, zu denen die Ware der neuen Ernte geliefert werden muß, gelten an der Börse für landwirtschaftliche Produkte in Wien für Bohnen und Erbsen der 1. September, für Linsen der 10. August.

An unlauteren Verfahrensarten sind bei Hülsenfrüchten insbesondere das Inverkehrsetzen nicht entsprechend gereinigter Waren, ferner von in Wasser eingeweichten Erbsen (Quellerbsen), desgleichen von geschälten halbierten und polierten Kichererbsen ohne entsprechende Kennzeichnung, das Vermengen alter (vorjähriger) oder bei höherer Temperatur getrockneter Ware mit frischer Ware, was sich durch ungleiches Weichwerden der Körner beim Kochen sehr unangenehm bemerkbar macht, zu beobachten. Auch ein Gehalt von mehr als 20 mg Blausäure pro Kilogramm, von schwefliger Säure sowie von giftigen Saatbeizmitteln wurde beobachtet. Talk oder andere gesundheitsunschädliche Poliermittel in Mengen von mehr als 1 Prozent dieser

Zusätze sind gleichfalls beobachtet, ebenso das übermäßige Auffärben wie das unzulässige Schönen mit Öl oder Fett und das Grünen von Erbsen mit Kupferverbindungen.

2. Probeentnahme

Die Probeentnahme (Bemusterung) ist so vorzunehmen, daß das gezogene Muster dem Durchschnittscharakter der Ware tunlichst entspricht. Dieser Forderung kann bei den Hülsenfrüchten nur selten ganz entsprochen werden, denn die kleineren Beimengungen, wie Erde, Steine, Unkrautsamen usw., setzen sich immer am Boden des Lagerraumes, Waggons, Schleppers oder Sackes ab, so daß keine Partie der Ware eine gleichmäßige Mischung darstellt. Man muß daher um so größere Vorsicht anwenden, um die Beschaffenheit der gezogenen Probe wenigstens nach Möglichkeit mit den tatsächlichen Verhältnissen in Einklang zu bringen.

Der Vorgang bei der Bemusterung ist, obzwar im Prinzipe gleich, je nach der Menge der zu bemusternden Waren einigermaßen verschieden:

A. Probeentnahme aus einzelnen Säcken

Sie wird entweder durch Anstechen der Säcke an drei verschiedenen Stellen (oben, in der Mitte und unten) mit dem Probestecher oder durch Entleeren der Säcke, sorgfältiges Mischen der Ware, Aufschüttung zu einem Haufen, Entnahme von kleinen Mustern an mindestens drei Stellen mittels einer sogenannten „Mehlschaufel" von ungefähr $1/4$ l Fassungsraum und Vereinigen der so erhaltenen kleinen Muster zu einem größeren Muster von wenigstens 1 kg Gewicht bewerkstelligt. Im Kleinhandel genügt die Entnahme eines Musters von $1/4$ bis $1/2$ kg.

B. Bemusterung von Waggonladungen

Hiebei sind in jedem Waggon von mindestens fünf Säcken aus verschiedenen Teilen der Ladung mit dem Probestecher Muster von zirka $1/2$ kg zu entnehmen und diese zu vereinigen.

C. Probeentnahme für die physikalisch-chemische Untersuchung

Man leert das zu untersuchende Muster in eine Schüssel, mischt und entnimmt mittels eines größeren Horn- oder Metallöffels an drei bis fünf Stellen je eine Probe. Es ist besonders zu beachten, daß der Löffel beim Eintauchen immer den Boden der Schüssel berühren soll.

3. Untersuchung

Die wertbestimmenden Eigenschaften der Hülsenfrüchte werden zumeist durch die Sinnenprüfung, einige hingegen auch auf physikalisch-chemischem Wege festgestellt.

A. Sinnenprüfung

Sie wird in der Weise vorgenommen, daß man eine Handvoll der Ware auf Farbe, Geruch, Alter und Vorhandensein von Verunreinigungen prüft. Es ist zweckdienlich, wenn zu diesem Behufe das zu prüfende Muster auf schwarzem oder blauem Papier ausgebreitet ist.

B. Physikalisch-chemische Untersuchung

1. Verunreinigungen

Die Bestimmung erfolgt durch Auslesen der Verunreinigungen in der nach Abschnitt 2, Punkt C. (s. S. 31) gezogenen Probe, deren Menge mindestens 100 g betragen soll.

a) Gewogen und zusammen in Gewichtsprozenten angegeben werden: Alle artfremden Früchte und Samen sowie Verunreinigungen, wie Erdklümpchen, Steine, Hülsen, Strohstücke usw.

b) Ausgezählt und zusammen in Zählprozenten angegeben werden: Von Insekten angefressene, jedoch Larven oder Käfer nicht enthaltende, ferner notreife, brandige, stockige oder andersfarbige Hülsenfruchtkörner. Nur bei ordentlich gereinigten und geputzten Spalterbsen gelten Körner mit Fraßspuren nicht als Besatz. Hiebei sind als Höchstgrenzen zulässig: $10^0/_{00}$ (d. i. unter 1000 Stück Samen höchstens 10) für von Wippeln angefressene (nicht käfer- oder larvenhaltige) oder von Raupen (Grapholyta) angefressene sowie brandige, stockige und notreife Körner.

c) Ausgezählt und zusammen in Zählpromillen angegeben werden: Alle Insekten, besonders Larven und Käfer von Bruchusarten („Wippel") oder Hülsenfruchtkörner, die solche Insekten, gleichgültig in welchem Entwicklungsstadium, im Innern des Korns enthalten. Hiebei sind als Höchstgrenzen zulässig: $1^0/_{00}$ für wippelige (von Bruchusarten und deren Larven befallene) Samen, d. i. unter 1000 Stück Samen höchstens 1 wippeliger Samen oder 1 Käfer.

2. Kochprobe

Sie wird in destilliertem Wasser mit ungefähr 250 g des Musters vorgenommen. Vor allem wird zu ermitteln sein, ob sich die zu untersuchende Hülsenfrucht rasch und gleichmäßig weichkocht.

3. Künstliche Färbung

Färbt sich nach dreistündigem Einweichen von Hülsenfrüchten in Wasser dieses deutlich, so ist auf eine übermäßige künstliche Färbung zu schließen. Vorhandene Teerfarbstoffe können dann in üblicher Weise in weinsteinhaltigem Wasser durch Aufziehen auf Schafwolle nachgewiesen werden.

4. Wasser

Mindestens 5 g der grobgemahlenen Hülsenfruchtkörner werden in einem Wägeglas genau abgewogen, eine Stunde lang bei 40 bis 50° C, dann bei 105° C bis zur Gewichtskonstanz getrocknet, was in der Regel nach etwa dreistündigem Trocknen erreicht sein wird. Nach Erkaltenlassen im Exsikkator wird gewogen. Aus dem Gewicht der Substanz und der Gewichtsdifferenz nach dem Trocknen findet man die Gewichtsprozente Wasser, die die Ware enthalten hat.

5. Kupfer

Eine gewogene Menge von 100 g Hülsenfruchtkörnern wird in einer Porzellanschale mit Sodalösung befeuchtet, auf dem Wasserbade zur Trockene gebracht, zuerst am Pilzbrenner und hierauf im Muffelofen verbrannt. Die Asche wird mit verdünnter Salpetersäure vorsichtig bis zur sauren Reaktion versetzt, einige Minuten lang gekocht, hierauf filtriert und das Filter nachgewaschen. In die klare Flüssigkeit wird nun bis zur Sättigung Schwefelwasserstoff eingeleitet. Entsteht hiebei mit Ausnahme von ausgeschiedenem, gelblichem Schwefel kein dunkelbrauner Niederschlag oder eine ähnlich gefärbte Trübung, so ist Kupfer nicht vorhanden. Im positiven Falle wird nach dem Setzenlassen des Niederschlages die überstehende klare Flüssigkeit durch ein Filter dekantiert und sodann der Niederschlag mit vierprozentiger Essigsäure, die mit Schwefelwasserstoff gesättigt wurde, nachgespült und gewaschen, wobei das Filter zwischen den einzelnen Aufgüssen nicht vollständig entleert werden soll. Hierauf wird der so gewaschene Niederschlag mitsamt dem Filter in ein Kölbchen gebracht, mit möglichst wenig Salpetersäure (1 : 1) versetzt und bis zur Lösung des Niederschlages erhitzt. Dann wird in eine reine und gewogene Platinschale filtriert und das Filter mit Wasser nachgewaschen. Man neutralisiert nun die klare Lösung mit Ammoniak, fügt für je 100 ccm Flüssigkeit 5 ccm konz. Salpetersäure hinzu und elektrolysiert in üblicher Weise bei einer Spannung von etwa 2,3 Volt und einer Stromstärke von etwa 0,3 Ampere. Nach ungefähr 5 Stunden wird bei gewöhnlicher Temperatur das Kupfer quantitativ als Metall abgeschieden sein. Wird über Nacht elektrolysiert, so wendet man eine Stromstärke von nur 0,05 Ampere an. Hat man sich durch Volumsvermehrung der Flüssigkeit durch Zugabe verdünnter Salpetersäure überzeugt, daß kein Kupfer mehr abgeschieden wird, so wäscht man die Platinschale, ohne den Strom zu unterbrechen, mit destilliertem Wasser, während man gleichzeitig mittels eines Hebers die Flüssigkeit aus der Schale abfließen läßt. Hiebei ist zu beachten, daß der Beschlag von metallischem Kupfer während der ganzen Zeit von der Flüssigkeit bedeckt sein muß. Das Auswaschen ist beendet, wenn die abfließende Flüssigkeit nicht oder nur mehr ganz schwach sauer reagiert. Nun wird der Strom unterbrochen, die Schale noch einige Male mit destilliertem Wasser und hierauf mit absolutem Alkohol gewaschen. Durch rasches Durchziehen durch eine Flamme wird die Platinschale getrocknet, im Exsikkator erkalten gelassen und dann gewogen.

6. Blausäure

a) Nachweis: Zirka 100 g unzerkleinerte Hülsenfruchtkörner werden in einem Literkolben mit 250 bis 300 ccm Wasser und mit einer Messerspitze Weinsäure versetzt. Durch das Gemisch wird vorerst ein langsamer Strom von Kohlensäure, der eine Waschflasche mit Permanganatlösung und eine andere mit Natriumbikarbonatlösung passiert hat, geleitet und sodann Wasserdampf eingeleitet. Die ersten 6 ccm des übergehenden Destillates werden in einem Proberöhrchen aufgefangen; von dem Destillate werden 3 ccm in einem Proberöhrchen mit wenigen Tropfen Lauge alkalisch gemacht, mit einem Tropfen einer konz. Ferrosulfatlösung versetzt, aufgekocht und dann mit Salzsäure angesäuert. Bei Anwesenheit von Blausäure bildet sich entweder sofort ein blauer, flockiger Niederschlag oder, wenn nur sehr geringe Mengen zugegen sind, färbt sich die Flüssigkeit grün oder blaugrün und scheidet erst nach längerem Stehen blaue Flocken ab (Berlinerblau-Reaktion). Die andere Hälfte des Destillates wird in ein kleines Porzellanschälchen gebracht, mit einigen Tropfen gelben Ammonsulfids versetzt und auf dem Wasserbade zur Trockene eingedampft. Der Rückstand wird mit Salzsäure angesäuert und ein Tropfen einer Ferrichloridlösung hinzugefügt. Ist Blausäure auch nur in sehr geringer Menge vorhanden, so tritt eine charakteristische blutrote Färbung ein (Rhodaneisen-Reaktion).

b) Bestimmung: Diese erfolgt in der gleichen Menge und in gleicher Weise wie bei der qualitativen Prüfung durch Destillation. Als Vorlage dienen jedoch zwei durch ein doppelt gebogenes Einleitungsrohr miteinander verbundene und mit Gummistopfen an dem Destillationsapparat luftdicht angeschlossene Erlenmeyer-Kolben, die mit schwach salpetersaurer Silbernitratlösung beschickt sind. Es werden mindestens 100 ccm überdestilliert.[1]) Ist die überstehende Flüssigkeit klar geworden, so gießt man sie durch ein aschefreies Filter, spült den Niederschlag mit Wasser nach, wäscht bis zum Verschwinden der Silberreaktion und trocknet das Filter samt Rückstand bei 100° C. Hierauf wird in einem gewogenen Porzellantiegel (nicht Platintiegel) zuerst vorsichtig und nach dem Verkohlen des Filters stärker erhitzt, wobei das gebildete metallische Silber nicht schmelzen soll. Nach halbstündigem Stehen

---

[1]) Enthält die zu untersuchende Probe ungefähr 30 mg Blausäure im Kilogramm und mehr, so entsteht in der Regel bald ein flockiger Niederschlag von Zyansilber. Unter 20 mg im Kilogramm zeigt sich zumeist eine Trübung oder nur eine Opaleszenz, die längstens nach 24-stündigem Stehen (im Dunklen) zum Niederschlag sich zusammenballt.

im Exsikkator wird gewogen. Die Milligramme metallischen Silbers geben mit 2,405 vervielfacht den Gehalt an Blausäure in Milligrammen auf 1 kg Probe an, wenn als Einwaage genau 100 g genommen wurden. Liegen zur Untersuchung von Natur aus blausäureführende Bohnen, z. B. Mondbohnen, Phaseolus lunatus, vor, so ist ein entsprechender Teil des Musters fein zu vermahlen. Eine gewogene Menge von 50 g des Pulvers wird vor der Destillation 24 Stunden lang mit etwa 300 ccm destillierten Wassers luftdicht verschlossen stehengelassen. Auf diese Weise wird durch das in den Bohnen vorhandene Ferment der glykosidisch gebundene Zyanwasserstoff abgespalten. Nach Zusatz von 5 g Weinsäure wird wie oben angegeben destilliert.

7. Äthylenoxyd (T-Gas)

Bestimmung nach *Th. Sudendorf* und *E. Kröger*[1]): 100 g unzerkleinerte Hülsenfruchtkörner werden in einen entsprechend großen Kolben gebracht. Durch einen doppelt durchbohrten Gummistopfen führen zwei Glasrohre in das Innere des Kolbens. Das eine dient als Einleitungsrohr für angesaugte Frischluft, das andere zur Überleitung in eine Vorlage, die mit einer genau gemessenen Menge einer 22 Prozente Kochsalz enthaltenden 0,1 n-Salzsäure beschickt ist. Zur Verdrängung des Äthylenoxydes aus der Hülsenfrucht wird der Erlenmeyer-Kolben während des Versuches in einem siedenden Wasserbade gehalten und gleichzeitig vorgewärmte Luft, 1 Liter in etwa 4 Minuten, durchgesogen. Die obgenannte Vorlage mit der kochsalzhaltigen Salzsäure wird ebenfalls erwärmt (70° C). Die nicht gebundene Salzsäure titriert man sodann mit 0,1 n-Natronlauge und mit Methylorange als Indikator zurück. 1 ccm verbrauchte 0,1 n-Salzsäure entspricht 4,4 mg Äthylenoxyd.

8. Schweflige Säure.

Nach *Rothenfusser*[2]) werden 20 g des gut zerkleinerten Musters in einem 500 ccm-Kolben aus Jenaer Glas mit so viel Wasser versetzt, daß die Flüssigkeit etwa 300 ccm beträgt. Vor dem Zulaufenlassen von 5 bis 10 ccm überschüssiger 25-prozentiger Phosphorsäure — alkalisch reagierende Substanzen sind vorher zu neutralisieren — werden noch ungefähr 2 g feines Bimssteinpulver beigegeben. Der Kolben, der in einer zweiten Bohrung einen mit einem gut eingeschliffenen Glashahn abzuschließenden Meßbehälter für die Phosphorsäure trägt, ist durch ein Doppelknierohr mit einem senkrecht stehenden Kühler und dieser mit einer mensurartigen Vorlage mit 15 ccm Meßbereich und 100 ccm Inhalt — bei Anwesenheit von größeren Mengen von schwefliger Säure verwendet man eine mit 30 ccm Meßbereich und 200 ccm Inhalt —

---

[1]) Chemikerzeitung 1931, 570 und Zeitschrift für analytische Chemie 1930, 82, 297.

[2]) Zeitschrift für Untersuchung der Lebensmittel 1929, 58, 98.

verbunden. Alle Übergänge sind mit guten Gummistopfen verbunden. Der Kolben ruht auf einem mit Asbest verkleideten Drahtnetz.

Die Vorlage (Meßbereich 15 ccm und 100 ccm Inhalt) wird mit je 5 ccm einer 5-prozentigen filtrierten Lösung von Benzidin in 96-prozentigem Alkohol, einer 30-prozentigen Essigsäure und einer 3-prozentigen Wasserstoffsuperoxydlösung beschickt und an den Apparat angeschlossen. Ein bis an den Boden reichendes Einleitungsrohr ist unten etwas aufgetrieben und hat kleine Öffnungen.

Bei beginnendem Kochen zeigen die ersten unter der Reaktionsmischung nahe dem Boden einfallenden Tropfen nicht nur an, ob schweflige Säure (auch nur in Spuren) vorhanden ist, sondern auch, ob viel oder wenig oder gar keine schweflige Säure in Frage kommt. Ist nach dem Überdestillieren von einigen Kubikzentimetern eine Fällung nicht eingetreten, dann ist schweflige Säure nicht vorhanden und man kann die Destillation beenden. Zeigt sich aber eine Fällung, dann wird weiter destilliert. Bei viel schwefliger Säure entsteht gleich ein dicker Kristallbrei, bei weniger schwefliger Säure zeigt sich ein seidenartig flimmerndes Glänzen von Kristallblättchen. Es genügt, selbst bei größeren Mengen von schwefliger Säure bis zur Marke 75 ccm zu destillieren. Nur wenn außergewöhnlich große Mengen in Betracht kommen, verwendet man die größere Vorlage (mit 30 ccm Meßbereich und 200 ccm Inhalt), die dann mit je 10 ccm der drei Reagentien zu beschicken ist.

Nach Abschluß der Destillation läßt man die Vorlage etwa 5 Minuten stehen und kann dann die Kristalle des gebildeten und quantitativ abgeschiedenen Benzidinsulfates absaugen. Das erfolgt zweckmäßig entweder in mit Asbest gut vorbereiteten *Gooch*-Tiegeln oder in Jenaer Glasfiltertiegeln (grobes Korn, aber mit 2 bis 3 mm Asbestauflage bedeckt).

Die Gramme des Niederschlages mit 0,234 vervielfacht, ergibt die Menge der schwefligen Säure (SO_2).

9. Unterscheidung geschälter Erbsen von geschälten Kichererbsen

Sie erfolgt im ultravioletten Licht, in welchem beide Hülsenfruchtarten verschieden fluoreszieren. Hiebei ist es zweckdienlich, Vergleichsproben heranzuziehen.

10. Poliermittel

Etwa 30 g der Samen werden mit 50 ccm Alkohol von 70 Volumprozenten, dem man 3 bis 5 ccm Äther zugibt, fest durchgeschüttelt, 15 Minuten stehen gelassen, dann nochmals gut durchgemischt, das Ganze rasch auf ein Sieb von 0,1 mm Maschenweite gegossen und die Flüssigkeit in einem Becherglase aufgefangen. Mit zweimal 20 ccm

Wasser werden Glas und Früchte nachgewaschen. Sind Poliermittel vorhanden, können sie auf einem Filter gesammelt, getrocknet, geglüht und gewogen werden.

Mehr als 1 Prozent sind zu beanstanden. In Betracht kommen Talk und Tone (Ocker).

4. Beurteilung

Durch tierische Parasiten oder deren Ausscheidungen stark verunreinigte oder sonst ekelerregende oder mit Konservierungsmitteln bearbeitete, mit giftigen Saatbeizmitteln behandelte oder mehr als 20 mg Blausäure in 1 kg enthaltende Hülsenfrüchte, endlich nicht entbitterte Lupinen, ebenso wie die S. 28 aufgezählten ausländischen Bohnen (Ph. lunatus) oder solche enthaltende, an sich einwandfreie Sorten sind als gesundheitsschädlich zu beanstanden.

Verdorben sind übelriechende (moderig, muffig), verschimmelte oder von Parasiten in geringerem, die zulässige Grenzzahl (S. 32) überschreitendem Ausmaße befallene sowie die Grenzzahl (S. 29 u. 32) für den „Besatz" überschreitende und mit erlaubten Farbstoffen zu stark gefärbte Hülsenfrüchte (S. 30).

Verfälscht sind mit Wasser versetzte (S. 30), mehr als 1 Prozent Talk oder andere Poliermittel führende (S. 30) Waren, künstlich gebleichte Hülsenfrüchte ohne entsprechende Kennzeichnung, endlich mit Kupferverbindungen gegrünte Hülsenfrüchte.

Falsch bezeichnet sind Waren, die hinsichtlich Alter und Sorte der gewählten Bezeichnung nicht entsprechen, Kichererbsen, die als „Erbsen", endlich Hülsenfrüchte, die unter unrichtigen Sorten- oder Herkunftsbezeichnungen in Verkehr kommen.

5. Regelung des Verkehres

Die Hülsenfrüchte dürfen sowohl bei Ladungen in loser Schüttung („alla rinfusa") als auch beim Transport in Säcken nicht in übelriechenden oder mangelhaft gereinigten Eisenbahnwagen oder Schleppern befördert werden. Sie sollen im Großhandel in luftigen, trockenen, reinen Räumen und im Kleinhandel in trockenen, reinen Säcken oder Behältern aufbewahrt werden.

Bei der Abgabe an den Konsumenten, besonders im Kleinverschleiß, ist jede Verunreinigung oder Beschmutzung (Einfassen der Hülsenfrüchte mit nach Petroleum oder anderen Konsumartikeln riechenden, unreinen Händen usw.) zu vermeiden.

6. Verwertung der beanstandeten Hülsenfrüchte

Unvollständig gereinigte Ware ist zu reinigen. Hülsenfrüchte, die Dumpfgeruch besitzen oder stark „bewippelt" sind, können als Viehfutter verbraucht werden.

Ware mit Petroleum- oder Karbolgeruch läßt sich nicht selten durch Lüften wieder so weit aufbessern, daß sie zur Viehfütterung geeignet wird. Gänzlich verdorbene Ware darf nur als Düngemittel Verwendung finden.

Experten: Direktor *Wilhelm Gerö* (Firma G. u. W. Löw, Angern), Reg.-Rat Prof. Dr. *Erwin Janchen*, Dr. *Hans Rubinstein* (Firma Sonnenschein & Co.), Börsenrat *Wilhelm Saxl* †.

XLVIII.
Hopfen und Malz

Referent: Dr. *Siegfried Iritzer*

Die Gewinnung und der Verkehr mit Hopfen unterliegt ebenso wie die Erzeugung von Malz und der Verkehr mit diesem den Vorschriften des Lebensmittelgesetzes, RGBl. Nr. 89/1897.

Das Gesetz, RGBl. Nr. 102/1907 und die hiezu erlassenen Durchführungsverordnungen regeln insbesondere die Bezeichnung der örtlichen Herkunft von Hopfen.

Mit der Min.-Vdg., RGBl. Nr. 69/1900, wurden Bestimmungen über die Verwendung von Surrogaten statt Hopfens bei der Biererzeugung getroffen.

Zu beachten ist, daß zufolge der Min.-Vdg., BGBl. Nr. 314/1933, zur Herstellung von Bier, das zum Absatz im Inlande bestimmt ist, von stärkehaltigen Artikeln ausschließlich Gerste verwendet werden darf.

A. Hopfen

1. Beschreibung

Der in der Bierbrauerei zur Verwendung gelangende Hopfen stellt die getrockneten, in der Botanik Kätzchen, im Handel Hopfendolden, Hopfenzapfen oder Häupel genannten Fruchtstände der kultivierten weiblichen Hopfenpflanze, Humulus lupulus L. (Fam. Moraceae), dar.

Botanische Kennzeichen. Die frischen Hopfenzapfen sind 2 bis 5 cm lang, 1,5 bis 2,5 cm breit und grün, gelb, bräunlich oder rötlich bis rot gefärbt. Reifer frischer Edelhopfen ist etwas klebrig und hat eine rötlich-goldgelbe Farbe mit sattgrünem Strich; die reingrünen, nicht vollständig ausgereiften Hopfendolden enthalten weniger würzende Stoffe. Die Dolden zeigen naturgemäß niemals vollkommen gleiche Struktur und Reife, sondern sie sind nach der stärkeren oder schwächeren Belichtung durch die Sonne mehr oder weniger voller und ausgereifter. Je gleichmäßiger die Dolden sind, desto wertvoller ist der Hopfen. Der Fruchtstand umfaßt die Fruchtspindel, die Deckschuppen, die Fruchtschuppen und die Frucht. Die Fruchtspindel, auch die Zapfenspindel, der Kamm oder die Rippe genannt, ist ein kurzer, 5- bis 9mal knieförmig hin- und hergebogener Zweig. Unter jedem Knie entspringen zwei Deckschuppen, die botanisch Nebenblätter eines nicht entwickelten Hauptblattes darstellen. Innerhalb dieser Nebenblätter befinden sich zwei Paare von Fruchtschuppen, die auf kurzen, an dem oberen Ende eines jeden Spindelgliedes entspringenden Stielchen sitzen und als Deckblätter oder Stützblätter, botanisch jedoch als Vorblätter bezeichnet werden. Sie sind an einem Längsrande eingeschlagen, wodurch eine Falte entsteht, die das am Grunde befindliche Früchtchen einhüllt. Die Frucht, ein rundes, bespitztes, von einem glockenförmigen, häutigen Perigon umgebenes Nüßchen ist meist samenlos und oft nur schwach entwickelt; häufig fehlt es sogar vollständig. Die Deck- und Fruchtschuppen ähneln einander, lassen sich aber durch die für die Fruchtschuppen kennzeichnende Falte sofort voneinander unterscheiden. Die Deckschuppen sind eiförmig, häutig, je nach der Seite, an der sie stehen, also entweder nach rechts oder nach links stärker entwickelt und verbreitert, spitz, selten gerundet, mitunter (je zwei Paarlinge) miteinander verwachsen, mit 10 bis 12 auf der Innenseite hervortretenden, ziemlich kräftigen Nerven versehen, die den Blattflächen ein auffällig streifiges Aussehen verleihen, und gewöhnlich an einer Seite in der Richtung der Längsachse faltig zerknittert. Die Fruchtschuppen besitzen nur 5 bis 7 Nerven. Sowohl Nüßchen und Perigon als auch die beiden Blattarten erscheinen, letztere an ihrem Grunde, mehr oder weniger reichlich mit sehr kleinen, goldgelben, glänzenden Körnchen bestreut, den sogenannten „Becher-Hopfendrüsen", die auch für sich durch Ausschütteln und Abbürsten der Hopfenzapfen gesammelt werden und als „Hopfenmehl" oder „Lupulin" medizinische Anwendung finden. Der histologische Bau der Deck- und Fruchtschuppen ist nahezu derselbe. Die Fruchtschuppe setzt sich aus den beiden Oberhautplatten und dem an den Randpartien des Blattes einschichtigen Mesophyll zusammen. Die Oberhaut der Innenseite besitzt stark kutikularisierte, wellig-buchtige Zellen mit konvex emporgewölbter und stärker als die übrigen Wände verdickter Außenwand; sie trägt einzellige Haare und Drüsen von verschiedenen Formen. Auch die Epidermiszellen der Außenseite sind wellig-buchtig, wenngleich an der Außenwand nicht emporgewölbt, Haare und Drüsen finden sich aber ebenfalls vor. Das Mesophyll ist ein dünnwandiges, großlückiges Schwammparenchym mit Chlorophyllkörnern, Gerbstoff und Kalziumoxalatdrusen; schmälere dünnwandige Zellen an den Gefäßbündeln lassen sich als Sekretzellen auffassen. In der Spindel sind reichlich Milchröhren vorhanden. Das Perigon besitzt zartwandige, buchtige Oberhautzellen, am Basalteile aber gestreckte und reich getüpfelte Zellen mit geraden (nicht buchtig verlaufenden) und derben Wänden; das innere Gewebe ist undeutlich und geschrumpft. Die

Fruchtschale des Nüßchens wird aus Steinzellen mit darmähnlich gewundenen Wänden gebildet. Am Hopfen findet man drei Hauptformen von Drüsen: köpfchen-, scheiben- und becherförmige. Die letzteren, die spezifischen Hopfendrüsen, haben 130 bis 250 μ Durchmesser und im eingetrockneten Zustande eine unregelmäßig rundliche, kreiselförmige, einem umgekehrten Hutpilze ähnliche, glocken- oder urnenförmige Gestalt. Sie bestehen aus zwei Abschnitten, von denen sich der untere aus kleinen, polyedrischen Tafelzellen zusammensetzt, während der obere die emporgehobene Kutikula der Tafelzellen darstellt, an der man noch häufig den Abdruck dieser Zellen als Netzwerk zu erkennen vermag. Der Raum zwischen der Tafelzellschichte und der blasig vorgewölbten Kutikula enthält das goldgelbe, glänzende Sekret, das den Geruch, den Geschmack und die Verwendbarkeit des Hopfens bedingt. Schließlich sei noch erwähnt, daß sich mitunter oberhalb des Nüßchens in der Falte des Vorblattes die bräunlichen, gabelförmigen, eingetrockneten Narben befinden.

Eigenschaften. Der Geruch des frischen Hopfens ist angenehm gewürzig, sein Geschmack bitter aromatisch. Schlecht aufbewahrte und alt gewordene Ware riecht, wie minderwertiger Hopfen überhaupt, infolge der allmählichen Entwicklung von Valeriansäure und von anderen flüchtigen Stoffen unangenehm käsig. Gewisse Hopfensorten und -provenienzen sind durch einen eigentümlichen knoblauchartigen Geruch gekennzeichnet. Der Hopfen enthält eine Reihe von Bitterstoffen, deren wichtigste die α-Bittersäure (Humulon) und die β-Bittersäure (Lupulon) sind; aus diesen Verbindungen gehen durch Verharzung das α- und β-Harz, zwei Weichharze, hervor. Außer ihnen gibt es noch ein oder zwei, wahrscheinlich durch Verharzung des ätherischen Öls des Hopfens, des Hopfenöls, entstandene Hartharze (γ-Harz). Sowohl die primären Bitterstoffe wie die ihnen entsprechenden Harze haben den Charakter schwacher Säuren. Dem β-Harz und der β-Bittersäure schreibt man die stärkere antiseptische Wirkung, dem α-Harz und der α-Bittersäure den stärkeren Bittergeschmack zu; letzterer hängt übrigens außerdem von dem Dispersionsgrad der Flüssigkeit ab. Die Hartharze besitzen eine sehr geringe gärungshemmende Wirkung und einen nur schwach bitteren Geschmack. Der Gesamtgehalt der Hopfendolde an wirksamen Bitterstoffen schwankt je nach Sorte, Jahrgang und Herkunft ziemlich beträchtlich; er beträgt im Mittel 12 bis 18 Prozent. Ebenso bewegt sich der Aschegehalt des Hopfens innerhalb ziemlich weiter Grenzen, etwa zwischen 6 bis 9 Prozent. Wenn Hopfen bei regnerischer Witterung geerntet wurde, so kann er durch Erdpartikelchen und Sand verunreinigt sein. Hopfen darf höchstens 12 Prozent Wasser enthalten, da er bei einem Wassergehalt von über 12 Prozent nicht mehr lagerfähig ist.

Produktions- und Handelsverhältnisse. Der Anbau von Hopfen — Haupterzeugungsländer sind Nordamerika, Belgien,

Deutschland, England, Frankreich, Tschechoslowakei, Österreich (Oberösterreich [Mühlviertel]), Polen, Jugoslawien und Rußland, wovon die beiden Erstgenannten keinen Edelhopfen liefern — richtet sich naturgemäß nach dem Umfange der Biererzeugung. Wegen der leichten Zersetzbarkeit und wegen der Neigung seiner wertvollen Bestandteile, sich zu verändern, ist der Hopfen im hohen Grade nachteiligen Veränderungen ausgesetzt, die durch die Feuchtigkeit begünstigt werden. Man trocknet ihn daher, bevor er in den Handel gebracht wird, entweder durch Ausbreiten an der Luft, auf luftigen Böden u. dgl. oder auch künstlich, in für diesen Zweck eigens gebauten Hopfendarren. Beim Darren ist darauf zu achten, daß die Trocknung bei nicht zu hohen Temperaturen und in einem tunlichst starken Luftstrom vor sich geht, weil anderenfalls eine Zersetzung gewisser Hopfenbestandteile eintritt, die sich durch einen Verlust an Aroma und durch Dunkelfärbung des Hopfenmehles zu erkennen gibt. Um den Hopfen für längere Zeit und sicherer zu konservieren, wird er nicht selten mit antiseptischen Mitteln behandelt. Das älteste dieser Mittel ist die schweflige Säure („Schwefeln" des Hopfens), die nebenbei auch schönt, indem sie die Farbe aufhellt und gleichmäßiger gestaltet. Ein weiteres gutes Verfahren, das mit Erfolg angewendet wird, beruht auf der Verwendung der Kälte. Dabei wird der getrocknete Hopfen in besonderen Räumen, deren Temperatur man nahe dem Gefrierpunkt hält, aufbewahrt. Die Konservierung mit Fluorverbindungen, Formaldehyd und anderen chemischen Konservierungsmitteln ist unstatthaft.

Der in den Handel gebrachte Hopfen soll möglichst schimmel- und insektenfrei und der Art der Packung entsprechend trocken sein. Der Gehalt an Hopfenmehl hängt von dem Jahrgang und von der Sorte ab. Die Sortenbezeichnung richtet sich in der Hauptsache nach der Herkunft und nach der Reifezeit (bei Frühhopfen Mitte August und bei Späthopfen Mitte September) sowie nach der Farbe der Ranken (Rothopfen und Grünhopfen); nebenher spricht man von schweren, mittelschweren und leichten Hopfen, je nachdem sie mehr oder weniger hopfenmehl- und bitterstoffreich sind, und je nach der Farbe von gut- und mißfarbigen Hopfen.

Von unlauteren Verfahrensarten kennt man bisher folgende: die Vermischung mit schon gebrauchtem oder mit wildem Hopfen, das Vermischen von Hopfen verschiedener Herkunft und verschiedener Jahrgänge ohne Kennzeichnung, das Inverkehrsetzen von geschwefeltem Hopfen unter der Bezeichnung „Original-" oder „ungeschwefelter Hopfen", den Zusatz verbotener Konservierungsmittel und die Streckung durch Hinzufügung der wertlosen Stengel und Blätter der Hopfenpflanze oder von Teilen anderer Pflanzen oder von Sand.

Der Hopfen kommt hauptsächlich in Säcken (Ballen) im Gewichte von 50 bis 130 kg in den Handel. Für den Versand sind folgende Packungsarten gebräuchlich: Ballen, Ballots, verzinkte Eisenzylinder, die luftdicht verschlossen werden können (Büchsenhopfen), und für die Ausfuhr nach überseeischen Ländern mit Blech ausgeschlagene Holzkisten. Ballots sind kleine Ballen, deren Höhe etwa 120 cm und deren Durchmesser etwa 62 cm ist. Das übliche Gewicht der einzelnen Ballots beträgt 150 kg, ausnahmsweise aber auch mehr oder weniger. Diese Ballots lassen sich in Blechbüchsen einschieben, die einen luftdichten Verschluß haben. Der mittels Pressen stark gepreßte Büchsenhopfen wird fast ausnahmslos geschwefelt.

Anmerkung: Man hat versucht, die wirksamen Bestandteile des Hopfens gewerbsmäßig in die Form von Extrakten zu bringen und sie so in den Verkehr gelangen zu lassen. Diese Hopfenextrakte vermögen aber wegen der leichten Veränderlichkeit der wirksamen Bestandteile den frischen Hopfen nicht zu ersetzen. Auch lassen sie sich leicht verfälschen. (Vgl. die Min.-Vdg. Nr. 69/1900.)

2. Probeentnahme

Bei der ungleichen Beschaffenheit des Hopfens und bei dem Umstande, daß im Handel mitunter Mischungen von Hopfen verschiedener Herkunft und Qualität oder solche von geschwefeltem mit ungeschwefeltem Hopfen vorkommen und daß sich auch mitunter in dem schwerer zugänglichen Teile der Verpackungen mangelhafte Ware vorfindet, während die äußeren Lagen von guter Beschaffenheit sind, ist die Ziehung einer wirklichen Durchschnittsprobe eine unerläßliche Vorbedingung für die zutreffende Beurteilung des Hopfens. Man hat daher aus jedem Ballen oder aus jeder Büchse mindestens drei annähernd gleich große Proben im Gewichte von etwa 100 g, und zwar je eine aus der oberen, mittleren und unteren Lage, zu entnehmen, ihr Aussehen usw. zu prüfen und sie, wenn sie sich als gleichartig erweisen, innig zu vermischen. Ergeben sich merkliche Unterschiede, so sind die Einzelmuster gesondert der Analyse zu unterwerfen. Zur Versendung der Proben verwendet man am besten luftdicht verschließbare Blechbüchsen.

3. Untersuchung

A. Sinnenprüfung

Die handelsübliche Prüfung des Hopfens erfolgt ausschließlich mittels der durch die praktische Erfahrung geschulten Sinne. Auf dieser Grundlage werden die Form, Größe und Farbe der Dolden, der Mehlgehalt, der Geruch, die Reinheit, der „Griff" und alle übrigen wertbestimmenden Eigenschaften „beurteilt". Für die Beurteilung nach dem Lebensmittelgesetze kommt dieses Verfahren hauptsächlich nur bei der Feststellung des Reinheitsgrades der Ware in Betracht; hier ist die Fragestellung eine viel einfachere und präzisere. Sie ergibt sich aus dem auf S. 42 über die unlauteren Verfahrensarten Gesagten.

B. Chemische Untersuchung

1. Wasser

10 g Substanz werden in flachen Schalen ausgebreitet und über Schwefelsäure im Vakuum bei gewöhnlicher Temperatur so lange getrocknet, bis die Wägungen an zwei aufeinanderfolgenden Tagen untereinander übereinstimmen, was meist nach mehreren Tagen der Fall ist.

Für die meisten Zwecke ist dieses Verfahren zu langwierig; es empfiehlt sich in solchen Fällen die Anwendung einer der folgenden abgekürzten Methoden:

a) Man trocknet 5 g Hopfen in einem weiten, verschließbaren Wägegläschen im Trockenschrank während 4 Stunden bei einer Temperatur von 80° C und berechnet den Wassergehalt aus dem Gewichtsverlust, oder

b) man führt diese Bestimmung im *Hoffmann*schen Wasserbestimmer[1]) aus. 50 g durch Zerreißen zerkleinerter Hopfen werden in 400 ccm Terpentinöl, dem man 100 ccm Toluol zugesetzt hat, eingetragen. Man erhitzt das Gemisch mit mäßig kräftiger Flamme, so daß die mit Wasser vermengte Flüssigkeit nach 4 Minuten in einem dünnen Strahl in das Meßgefäß übertritt. Wenn das letztere etwa zu drei Viertel gefüllt ist, wird die Flamme abgestellt. Das Meßgefäß soll vor der Ablesung mehrmals zwischen den Händen gedreht werden.

2. Asche und Sand

Die Bestimmung der Asche und des Sandes erfolgt nach dem allgemein geübten Verfahren.

3. Bitterstoffgehalt

10 g gut zerkleinerter Hopfen werden bei Zimmertemperatur mit 250 ccm Tetrachlorkohlenstoff durch ein- bis zweistündiges Schütteln ausgezogen; hiebei ist Sorge zu tragen, daß sich die Flüssigkeit in langsamer mischender Bewegung befindet. Die Extraktion läßt sich auch durch drei- bis vierstündiges Schütteln mit kaltem Petroläther, vom Siedepunkte 30 bis 50° C, oder durch sechs- bis siebenstündige Einwirkung von 200 ccm bei 48° C siedendem Petroläther unter Anwendung eines Rückflußkühlers bewerkstelligen; man füllt in diesem Fall auf 250 ccm auf. Danach filtriert man sofort durch ein Faltenfilter und titriert 100 ccm des Filtrates mit 0,1 n-alkoholischer Kalilauge. Vor der Titration sind zur Vermeidung der Schichtenbildung 80 ccm neutraler Alkohol von 96 Volumprozenten hinzuzusetzen. Im Hinblick auf die angewendete Hopfenmenge, den zur Titration benützten Teil des Auszuges und den Umstand, daß 1 ccm 0,1 n-Lauge 0,04 g Bitterstoff entspricht, geben die verbrauchten Kubikzentimeter Lauge den Prozentgehalt des Hopfens an Bitterstoffen unmittelbar an.

---

[1]) Wochenschrift für Brauerei 1902, 19. Band, S. 301.

4. Nachweis einer erfolgten Schwefelung

10 g Hopfen werden nach *Prior*[1]) in einem 500 ccm fassenden Kolben mit 200 ccm destilliertem Wasser übergossen und damit während einer Stunde unter häufigem Umschütteln in Berührung gelassen. Man filtriert hierauf, bringt von dem klaren Filtrat 50 ccm in ein 150 ccm fassendes Erlenmeyer-Kölbchen und fügt ein etwa 1,5 g wiegendes Stückchen schwefelfreies Zink und 25 ccm von schwefliger Säure freie Salzsäure vom spezifischen Gewicht 1,125 hinzu. Durch einen entsprechenden Vorversuch überzeugt man sich von der Reinheit der Reagentien. Die Öffnung des Kölbchens wird mit einem mäßig fest zusammengedrückten Wattepfropf verschlossen, dessen in das Kölbchen hineinragendes Ende mit einer Lösung von basischem Bleiazetat gleichmäßig befeuchtet worden ist. Statt dessen kann man auch ein mit einer Lösung von basischem Bleiazetat getränktes Stückchen Filtrierpapier in den Kolbenhals klemmen. Bei Gegenwart von Schwefel tritt innerhalb einer halben Stunde infolge Bildung von Schwefelblei Braun- bis Schwarzfärbung des Bleiazetats ein.

Sollte sich eine Bestimmung der Menge der vorhandenen schwefligen Säure als notwendig erweisen, so ist nach der in Heft XLVII, „Hülsenfrüchte", S. 35, gegebenen Vorschrift zu verfahren.

5. Nachweis anderer Konservierungsmittel als schwefliger Säure

Als verbotene Konservierungsmittel kommen zum Beispiel Fluorverbindungen in Betracht; ihre Gegenwart läßt sich erforderlichenfalls in einem wässerigen Auszug des Hopfens nach dem in Heft XV, S. 39, beschriebenen Verfahren feststellen. Ähnliches gilt von anderen konservierend wirkenden Stoffen dieser Art, wie Formaldehyd usw.

C. Botanische Untersuchung

Die botanische Untersuchung des Hopfens hat hauptsächlich seine Identität festzustellen; hiefür sind die auf S. 40 angegebenen morphologischen Merkmale maßgebend. Die Ware darf nur aus den Zapfen des Hopfens und deren Bestandteilen, und zwar aus Zapfenspindeln (Rippen oder Kämmen), Deck- und Fruchtschuppen, Hopfendrüsen (Hopfenmehl) und den möglichst kurzen Hopfenstielen bestehen. Früchte (Nüßchen, fälschlich „Samen", im Handel „Körner" genannt) sollen bei feinen Sorten fehlen oder nur ganz vereinzelt vorkommen, während sie der wilde Hopfen ziemlich reichlich enthält. Sie können übrigens in manchen Sorten und in manchen Jahren in größerer Zahl auftreten, sind aber fast immer taub oder nicht keimfähig, während dies bei den Früchtchen der wildwachsenden Pflanze meist nicht der Fall ist. Das Gewichtsverhältnis zwischen den einzelnen Bestandteilen schwankt,

---

[1]) Chemie und Physiologie des Malzes und des Bieres. Leipzig 1896. S. 270.

je nach den Produktionsverhältnissen und Sorten, sehr bedeutend. Das Hopfenmehl wird gewonnen, indem man die vorgetrockneten Hopfendolden vorsichtig zerzupft und unter energischem Schütteln und Mischen absiebt; bei feinen Sorten soll die Ausbeute an Hopfenmehl mindestens 10 Prozent betragen. Frischer Hopfen gibt ein hellgelbes und angenehm aromatisch riechendes Hopfenmehl. Rotbraunes Hopfenmehl deutet auf alte oder bei zu hoher Temperatur gedarrte oder sonstwie verdorbene Ware; das Hopfenmehl aus altem Hopfen hat überdies einen unangenehmen Geruch. Der Gehalt an Nüßchen beträgt im guten, lufttrockenen Hopfen höchstens 0,5 Prozent, steigt aber auch ausnahmsweise (siehe S. 45) bis auf 4 und mehr Prozent. Die normalen Hopfendrüsen erscheinen im Mikroskop zitronengelb, glänzend und voll, das heißt, mit reichem Inhalt versehen.

4. Beurteilung

Gesundheitsschädlich ist Hopfen, der einen Zusatz von verbotenen Konservierungsmitteln erhalten hat (S. 42), verdorben ist stark verschimmelter oder von tierischen Schädlingen befallener oder in ekelerregender Weise beschmutzter Hopfen (S. 42), verfälscht solcher, der mit schon einmal gebrauchter Ware oder mit wildem Hopfen oder mit wertlosen Stengeln und Blättern der Hopfenpflanze oder mit Teilen anderer Pflanzen oder mit Sand versetzt wurde (S. 42), endlich falsch bezeichnet geschwefelter Hopfen, der unter der Bezeichnung „Original-" oder „ungeschwefelter Hopfen" (S. 42) in den Verkehr gebracht wird. Alle übrigen Mängel, zum Beispiel das Vorhandensein von Mehltau (Sphaerotheca Humuli [D. C.] Burr.), Schwärze (Cladosporium herbarum Lk.) und Rußtau (Aptosporium solicinum [Pers.] Kzc.) sowie das Vermischen von Hopfen verschiedener Herkunft und verschiedener Jahrgänge ohne Kennzeichnung bedingen lediglich den Minderwert der Ware.

5. Regelung des Verkehres

Beim Pflücken des Hopfens sollen die Laubblätter und rankenden Stengel tunlichst entfernt und die Dolden nicht durch Sand, Erde u. dgl. verschmutzt werden. Bei der Beförderung und beim Lagern des Hopfens ist auf seine Empfindlichkeit gegen Feuchtigkeit und üble Gerüche gebührend Rücksicht zu nehmen. Der Handel mit schon gebrauchtem Hopfen (Hopfentreber) für Brauzwecke ist zu untersagen, der mit älterem (vorjährigem) Hopfen nur unter Kennzeichnung zu gestatten.

6. Verwertung des beanstandeten Hopfens

Gesundheitsschädlicher Hopfen ist stets, verdorbener und verfälschter Hopfen dann zu vernichten, wenn er sich nicht mehr durch mechanische Mittel oder durch Sortieren mit der Hand oder auf andere Art vollkommen reinigen läßt. Falsch bezeichnete Ware kann unter richtiger Bezeichnung wieder in den Verkehr gebracht werden.

B. Malz

1. Beschreibung

Malz im weitesten Sinne wird aus Getreide bereitet, das man künstlich so weit zum Keimen gebracht hat, daß nicht nur die darin enthaltenen Kohlehydrate, sondern auch die Eiweißsubstanzen, Fette und organischen Phosphor- und Schwefelverbindungen jenen Abbau erfahren, der für den jeweils angestrebten Malztypus (siehe unten) und für die Verarbeitung im Sudhaus notwendig ist. Angekeimtes Getreide, das dieser Anforderung nicht entspricht („Spitzmalz"), stellt kein Malz im Sinne des Lebensmittelgesetzes dar. Als solches ist nur Malz anzusehen, bei welchem die Keimhöhle bzw. der Blattkeim mindestens bei 70 Prozent der Körner die halbe Kornlänge erreicht. Wenngleich aus jeder Getreideart Malz bereitet werden kann, so wird doch der weitaus größte Teil aus Gerste erzeugt. Roggen- und Weizenmalz gelangen in verhältnismäßig geringen Mengen, Hafer- und Maismalz nur hie und da zur Verwendung. Unter „Malz" schlechtweg ist Gerstenmalz zu verstehen. Das Malz dient vornehmlich zur Biererzeugung; aber auch in der Spiritus- und Preßhefefabrikation, bei der Essigbereitung und zur Herstellung von Malzextrakten, Malzbonbons, Malzmehlen, Malzkaffee, diätetischen Präparaten u. dgl. wird es in immer steigenden Mengen verbraucht.

Eigenschaften. Die Eigenschaften des Malzes hängen von der Art seiner Bereitung ab; je nach der Verwendung, die es finden soll, wird der Keimprozeß anders geführt und die Trocknung und Darrung des frisch gekeimten Getreides („Grünmalz") verschieden bewirkt. Hiebei spielt der Gehalt an Enzymen — Diastasen und Proteasen — die für den Gebrauchswert entscheidende Rolle. Während es bei der Spiritus- und Preßhefeerzeugung, die vielfach das frische, ungetrocknete oder das bei tunlichst niedrigen Temperaturen im Luftstrom oder an der Luft getrocknete Grünmalz („Luft-" oder „Schwelkmalz") verwendet, auf eine tunlichste Anhäufung von Enzymen ankommt, verarbeitet man in der Bierbrauerei und teilweise auch bei der Herstellung von Malzkaffee und von diätetischen Präparaten getrocknetes, in der Regel mehr oder minder gedarrtes Malz. Das gedarrte Malz schmeckt beim Zerbeißen, im Gegensatz zur fast geschmacklosen ungemälzten Gerste, je nach der Bereitung, mehr oder weniger süß, aromatisch.

Das Grünmalz ist seines hohen Wassergehaltes wegen dem raschen Verderben unterworfen und bildet daher für gewöhnlich keinen Gegenstand des Handels.

Vom Malz unterscheidet man nach den daraus herzustellenden Bieren drei Grundtypen. Die erste dieser Typen dient zur Bereitung der lichten Biere. Die zweite Type, das für die Erzeugung goldfarbenen Bieres bestimmte Malz, wird stärker gedarrt und enthält darum eine größere Menge aromatischer Röststoffe. Am reichsten an solchen ist die dritte Type, das zur Bereitung dunkler, meist extraktreicher Biere bestimmte, stark geröstete Malz. Der Enzymgehalt ist bei der ersten Type am höchsten, bei der dritten Type am niedrigsten; bei der zweiten Type bewegt er sich auf einer mittleren Linie. Normales Malz enthält mindestens 80 Prozent gekeimter Körner. Der Mehlkörper soll nicht hart, porzellanartig oder glasig, sondern mürbe, das heißt, mehlig und leicht zerreiblich sein. Körner mit hartem und glasigem Mehlkörper haben nicht gekeimt oder können schlecht aufgelöst oder unrichtig gedarrt sein. Zum fehlerhaften Malz zählt auch das sogenannte „überlöste" Malz, das zwar meist sehr mürbe ist, bei dem aber die „Lösung" oder „Auflösung", worunter man die durch die verschiedenen Enzyme bewirkte physikalisch-chemische Veränderung des Korninhaltes versteht, zu weit getrieben wurde. Weil die Körner der Gerste von Natur aus verschieden sind, vermag der Grad der „Auflösung" sämtlicher Körner ebensowenig wie ihre Beschaffenheit jemals völlig gleich zu sein; doch muß der Lösungsgrad der Mehrzahl der Körner dem entsprechen, der für die betreffende Malztype gefordert wird. Die Spelzen normalen Malzes sollen glatt und gut erhalten, also nicht verletzt sein und eine lebhafte, gelbliche, nicht aber eine matte oder abnorm dunkle Färbung besitzen. Eine solche Ware setzt sich aus ziemlich gleichförmigen und gleich großen, von den Wurzelkeimen vollständig befreiten Körnern zusammen und ist fast frei von Staub, Unkrautsamen, Insekten und Schimmel und möglichst arm an Bruch. Ihr Geruch muß rein und bei licht gedarrtem Malz nur sehr wenig aromatisch, etwas rohfruchtartig, bei mittelstark gedarrtem Malz schwach, bei stark gedarrtem Malz kräftig aromatisch sein. Das Hektolitergewicht des Malzes steht mit dem Hektolitergewicht der zu seiner Herstellung verwendeten Gerste in der Weise im Zusammenhang, daß schwerere Gersten im allgemeinen auch Malz mit höherem Hektolitergewicht liefern. Das letztere beträgt bei lichtem Malz, Pilsener Type, im Durchschnitt 55 bis 57 kg, bei Malz goldfarbiger Wiener Type 54 bis 56 kg und bei Malz dunkler Münchener Type 53,5 bis 55,5 kg, wenn Gerste von etwa 70 kg Hektolitergewicht verarbeitet wurde. Der Wassergehalt übersteigt normalerweise 7 Prozent nicht.

Bei der Erzeugung dunkler Biere wird neben Darrmalz als Zusatz oft auch „Farbmalz", das ist in Trommeln geröstetes Darr- oder Grünmalz, verwendet. Es besteht je nach der Stärke der Röstung aus licht- bis schwarzbraunen Körnern, deren Mehlkörper von gleichmäßiger, mehliger Beschaffenheit und weder hart noch verkohlt sein soll. Außer diesem gewöhnlichen Farbmalz wird noch solches nach englischer Art erzeugt, das unter dem Namen „Karamelmalz" oder auch unter Phantasienamen in den Handel gelangt. Es unterscheidet sich vom gewöhnlichen Röstfarbmalz oder Schwarzmalz durch einen Dextrinierungs- und Verzuckerungsprozeß, dem der Mehlkörper vor der Röstung unterworfen wird. Beide zur Färbung oder Verbesserung des Geschmackes des Bieres dienenden Malzsorten können, weil sie im Allgemeinen keine Enzyme mehr enthalten, in der Brauerei nicht für sich allein, sondern nur in Mischung mit diastasehaltigem Darrmalz Anwendung finden. Während das gewöhnliche Farbmalz vor allem durch seinen Gehalt an färbenden Bestandteilen wirkt, gehen aus dem Karamelmalz, dessen Färbekraft weit geringer ist, auch karamelartig schmeckende Bestandteile in die Bierwürze über und tragen mit zur Erhöhung der Vollmundigkeit des Bieres bei.

An Roggen-, Weizen-, Hafer- und Maismalz sind analoge Anforderungen zu stellen wie an Gerstenmalz.

Produktions- und Handelsverhältnisse. Obzwar sich die meisten inländischen Brauereien und Brennereien ihr Malz selbst herstellen, bildet doch die Malzerzeugung den Gegenstand einer bedeutenden Industrie, die nicht nur Darr- und Farbmalz für Brauereien, sondern auch das Ausgangsmaterial für die Bereitung von diätetischen Präparaten, Malzkaffee, Malzextrakt, Malzmehl usw., erzeugt. Das Malz wird, vom Malzmehl für Backzwecke abgesehen, nur in ganzen Körnern, trocken oder geröstet, gehandelt[1]); daß man es geschrotet in den Handel bringt, gehört zu den Ausnahmen. Gemahlenes Malz kommt als „Malzmehl" oder unter Phantasienamen in Verkehr; es dient namentlich als Zusatz bei der Brotbereitung. Über Malz schlechtweg siehe S. 47.

Von unlauteren Verfahrensarten ist das übermäßige Schwefeln des Malzes zu erwähnen. Als übermäßig geschwefelt hat Malz zu gelten, das mehr als 30 mg schweflige Säure im Kilogramm Ware enthält. Auch nicht entsprechend gemälztes (siehe S. 47), dann durch ungekeimte Körner gestrecktes Malz kommt gelegentlich vor; hieher gehören alle Waren mit weniger als 80 Prozent gekeimter Körner.

Die für Malz im inländischen Verkehr übliche Verpackung sind Säcke von 50 bis 80 kg Gewicht; für die Ausfuhr nach überseeischen Ländern bedient man sich zumeist mit Blecheinsatz versehener Kisten, ferner auch der Doppelsäcke mit Papiereinlage.

2. Probeentnahme

Angesichts der Tatsache, daß die verschiedenen Teile eines Haufens von aufgeschüttetem Malz oft sehr ungleich zusammengesetzt sind, hat man vor der Musterziehung für eine gründliche Umschauflung der Masse zu sorgen. Dann entnimmt man von verschiedenen Stellen möglichst viele gleich große Proben, mischt sie und zieht schließlich aus der

---

[1]) Für den Handel gelten entweder die zwischen dem Käufer und Verkäufer besonders getroffenen Abmachungen oder die Vorschriften der Börse. Man vergleiche die einschlägigen „Bestimmungen für den Geschäftsverkehr an der Börse für landwirtschaftliche Produkte in Wien". Wien 1934. §§ 469 bis 475.

Mischung das eigentliche Durchschnittsmuster. Handelt es sich um Silos oder Säcke, so leistet der Probestecher mit verschließbaren Kammern von *Barth-Eckhardt*[1]) gute Dienste. Bei Malz in Säcken sind mindestens aus 10 Prozenten der Säcke Stichproben zu entnehmen.

Das zur Analyse einzusendende Muster muß etwa 500 g betragen und in einem gut verschlossenen, innen ausgetrockneten Glas- oder Blechgefäß verwahrt sein.

3. Untersuchung

Die Untersuchung des Malzes auf seine normale Beschaffenheit im Sinne des Lebensmittelgesetzes umfaßt die Bestimmung der Getreideart, von der es stammt, die Ermittlung des Geruches und Geschmackes, die botanisch-mikroskopische Prüfung, die Prüfung auf erfolgte Mälzung, die Feststellung des Wassergehaltes und den eventuellen Nachweis einer übermäßigen Schwefelung.

A. Botanisch-mikroskopische Untersuchung

a) Allgemeines

Das Malzkorn enthält alle zelligen Elemente der Gerste. Das Innere des unversehrten Gerstenkornes ist von dem großen, weißen Mehlkern und dem gelblichen Keim ausgefüllt, an dem sich die nach aufwärts stehende Keimachse mit den ersten Blättchen (Federchen, Knöspchen, Plumula), nach abwärts das Würzelchen (Radicula) mit mehreren Nebenwürzelchen und endlich das dem Mehlkern zugewendete blattartige Schildchen (Scutellum) unterscheiden lassen. Die Blättchen und das Würzelchen sind von kappenartigen Scheiden umhüllt. Bei der Keimung strecken sich die Blättchen und die Würzelchen und durchbrechen die Hüllen (Schalenteile) des Kornes; erstere werden zu dem sogenannten „Blattkeim", letztere bilden den Wurzelkeim. Durch das Trocknen und Darren schrumpfen diese Organe ein und im Malzkorn erscheint um den Keim herum ein von den Gewebselementen freier Raum. Es finden sich darin die bräunlich gefärbten, zusammengesinterten Teile des Keims, die aus dem Blattkeim und aus dem Wurzelkeim bestehen; sie sind im Querschnitt rundlich, bestehen zum größeren Teile aus gestreckten dünnwandigen Parenchymzellen, führen in der Achse (Längsmitte) ein Gefäßbündel mit schmalen Spiroiden und haben eine Oberhaut (Epiblem), die sich aus gestreckten, von der Fläche gesehen rechteckigen, häufig papillös ausgestülpten oder zu dünnwandigen, zarten, stumpfen Haaren (Wurzelhaaren) ausgewachsenen Zellen zusammensetzt. Je intensiver der Mälzungsprozeß vor sich

---

[1]) Zeitschrift für das gesamte Brauwesen 1904, S. 325; 1905, S. 160, und 1907, S. 412.

gegangen ist, desto kräftiger wird der Blattkeim entwickelt und vorgeschoben sein.

Die Stärkekörner des Mehlkernes zeigen im Malzkorne sehr auffällige morphologische Veränderungen, die als Lösungserscheinungen aufzufassen sind. Man findet Körner mit einfachen und mit verzweigten Kernrissen, letztere oft zu einem dichten Netz vereinigt, ferner gequollene und einseitig abgeschmolzene Körner, an denen sehr verdünnte Jod-Jodkaliumlösung die noch unversehrte Seite tiefblau, die entgegengesetzte nur mehr schwach blaßblau färbt, und endlich Körner, deren peripherischer Teil einen höchst fein radial gestreiften Ring bildet, während das Innere eine von Rissen und Sprüngen durchsetzte, mit Buckeln und Falten versehene Masse bildet. Daß man nur sehr selten ein Stärkekorn mit scharfer konzentrischer Schichtung beobachten kann, hat wohl seinen Grund in der Darrung, die Quellungserscheinungen hervorruft und die feinen Strukturverhältnisse zerstört.

b) Prüfung auf erfolgte Mälzung

Teilt man ein Malzkorn längs der Bauchrinne in zwei Längshälften, so bemerkt man an der Schnittfläche den großen Mehlkern und an der Rückenseite in der Höhe der Kornbasis meist einen mehr oder weniger ausgeprägten Hohlraum, die sogenannte Keimhöhle, welche durch Schrumpfung des wasserhaltigen Blattkeimes beim Trocknen und Darren entsteht. Bei sehr lichten Malzsorten, welche einen fast weißen Mehlkern aufweisen, erscheint der Blattkeim wenig oder gar nicht geschrumpft, seine Farbe ist hellbraun, die Keimhöhle fehlt gänzlich oder ist nur wenig ausgeprägt. Die Form und Größe der Keimhöhle hängt in erster Linie von dem Grade der Keimung und Darrung ab, ist aber auch teilweise durch die Form des Gerstenkorns bedingt. So zeigt die Keimhöhle bei lang und schmal geformten Körnern meist ebenfalls eine langgestreckte, fast schlauchartige Form, während sie bei gedrungener gebauten Körnern meist eine breitere und rundere Form besitzt. Bei kleinen schmalen Körnern kann sie mitunter nur als schmaler feiner Zwischenraum zwischen Mehlkern und Blattkeim auftreten oder ganz fehlen. In der Keimhöhle, an der dem Mehlkern gegenüberliegenden Wand befindet sich der hellbraun bis schwarz gefärbte, mehr oder weniger stark geschrumpfte, längliche Blattkeim, an welchem man, durch die Lupe betrachtet, bereits den Mittelstrang und davon ausgehend die zarten Seitenstränge der Blattnerven beobachten kann. Der Blattkeim läßt sich aus dem geteilten Korn mittels einer Nadel oder feinen Pinzette meist leicht isolieren.

Für die Beurteilung des Mälzungsgrades ist sowohl die Keimhöhle als auch der Blattkeim heranzuziehen. Ist die Keimhöhle deutlich sichtbar und erstreckt sie sich bis mindestens zur halben Kornlänge, so ist das Korn als „gemälzt" anzusehen. Falls jedoch die Keimhöhle infolge Beschädigung durch die Zerteilung des Kornes undeutlich oder infolge zu geringer Schrumpfung des Blattkeimes nicht genügend ausgeprägt bzw. nicht vorhanden ist und beträgt die Länge des Blattkeimes mindestens die halbe Kornlänge, so ist das Korn ebenfalls als „gemälzt" anzusehen. Erreichen Keimhöhle und Blattkeim nicht die halbe Kornlänge, so liegt mangelhaft gemälzte Frucht vor, die im Sinne des Lebensmittelgesetzes nicht als Malz anzusprechen ist. Bei ungekeimter Gerste erreicht der Keimling höchstens ein Drittel der Kornlänge, die Keimhöhle fehlt in der Regel, jedoch kann sie bei stärker getrockneter oder gedarrter Gerste in kleinem Ausmaße auftreten.

B. Chemische Untersuchung

1. Wasser

4 g fein vermahlenen Malzes werden $2^1/_2$ Stunden lang in einem gut ventilierten Trockenschrank auf 104 bis 105° C erhitzt. Der eingetretene Gewichtsverlust ist als Wassergehalt anzusprechen.

2. Schweflige Säure

Der Nachweis und die Bestimmung der schwefligen Säure erfolgen durch Destillation des gemahlenen Malzes mit verdünnter Phosphorsäure usw., wie dies in Heft XLVII, „Hülsenfrüchte", S. 35, beschrieben worden ist.

4. Beurteilung

Übelriechendes, saures, faulendes, stark verschimmeltes und in ekelerregender Weise verschmutztes Malz (S. 48) ist für verdorben, geschwefeltes Malz, das mehr als 30 mg schwefliger Säure im Kilogramm enthält (S. 49), als verfälscht und, wenn es mehr als 100 mg schwefliger Säure im Kilogramm enthält, für gesundheitsschädlich zu erklären. Falsch bezeichnet ist Malz anderer Art als Gerstenmalz, wenn es ohne Angabe seiner wahren Natur als „Malz" schlechtweg in den Verkehr gebracht wird, dann jedes Malz mit weniger als 70 Prozent gekeimter Körner (S. 49). Malz mit mehr als 7 Prozent Wasser (S. 48) oder weniger als 80 Prozent gekeimter Körner (S. 48) ist minderwertig.

5. Regelung des Verkehres

Zur Herstellung von Malz soll ausschließlich gesunde, keimfähige Gerste Verwendung finden. Das zum Weichen der Gerste benützte Wasser muß den an ein einwandfreies Wasser zu stellenden sanitären Anforderungen entsprechen und möglichst eisenfrei sein. Das Malz ist in trockenen Böden, Kästen oder Silos zu lagern.

6. Verwertung des beanstandeten Malzes

Verdorbenes, verfälschtes, ja selbst überschwefeltes Malz braucht kaum jemals vernichtet zu werden; es eignet sich, je nach der Beschaffenheit, zur industriellen Verarbeitung, zum Beispiel auf Spiritus oder in geschrotetem Zustande zu Fütterungszwecken.

Experten: *Hugo Hauser* (Hauser u. Sobotka A. G.), Prof. Dr. *Wolfgang Kluger* (Versuchsanstalt für Gärungsgewerbe), Ing. *Leo Kramer* † (Hauser u. Sobotka A. G.), Prok. *J. A. Neuroth* (Kaspar Danzers Söhne u. Co.), Generaldirektor *Konrad Schneeberger* † (Vereinigte Brauereien, Schwechat), Direktor *A. Stanka* (Brauhaus der Stadt Wien), *Alfred Taussig*, Linz.

LABORATORIUMS-APPARATE
zur Untersuchung von Gerste / Malz / Hopfen
NEUESTE MODELLE
Maischbäder / Trockenschränke / Stickstoffapparate / Brutschränke / Reichsgetreideprober
VOLLSTÄNDIGE EINRICHTUNGEN
OTTO REINIG / MÜNCHEN / WALTHERSTRASSE 27

Verlag von Julius Springer in Wien

Das österreichische Lebensmittelbuch
Codex alimentarius austriacus
II. Auflage

Herausgegeben vom Bundesministerium für soziale Verwaltung, Volksgesundheitsamt, im Einvernehmen mit der Kommission zur Herausgabe des Codex alimentarius austriacus

Früher erschienen u. a.:

XIII. Heft: **Kosmetische Mittel.** 50 Seiten. 1929 .... RM 3.60
XIV.—XVII. Heft: **Honig und Honigsurrogate, Marmeladen und verwandte Erzeugnisse, Fruchtsäfte, Dörrobst.** 79 Seiten. 1929 RM 5.70
XVIII.—XIX. Heft: **Eier und Eikonserven, Butter.** 44 S. 1931 RM 3.10
XX.—XXIV. Heft: **Gewürze, Die gewöhnlichen eßbaren Pilze oder „Schwämme", Eingelegte eßbare Pilze oder „Schwämme", Frische Gemüse, Dörrgemüse (Trockengemüse).** 170 Seiten. 1931..................... RM 12.—
XXV.—XXVII. Heft: **Kaffee, Kakao und Kakaoerzeugnisse, Konditorwaren und Zuckerwaren.** 53 Seiten. 1931 .... RM 3.80
XXVIII.—XXXII. Heft: **Kochsalz, Fleischextrakte und ähnliche Präparate, Fische, Lurche und Kriechtiere, Krustentiere und Weichtiere.** 154 Seiten. 1932...................... RM 11.—
XXXIII.—XXXV. Heft: **Spirituosen, Essig, Zuckerarten und deren Ersatzstoffe.** 98 Seiten. 1932 .... RM 6.90
XXXVI.—XXXVIII. Heft: **Mehl- und Mahlprodukte, Hefe.** 36 Seiten. 1932.............................. RM 2.50
XXXIX.—XLI. Heft: **Traubenmost, Wein, Obstwein.** 51 S. 1933 RM 3.60
XLII.—XLIII. Heft: **Käse, Margarinkäse.** 47 Seiten. 1933.... RM 3.30
XLIV. Heft: **Obst, Südfrüchte** (einschließl. Agrumen) **und Mohn.** 78 Seiten. 1935............................... RM 5.40
XLV. Heft: **Milch und Milcherzeugnisse.** 90 Seiten. 1936..... RM 6.35

Vor kurzem erschien:

I. Nachtrag (Oktober 1932) mit Ergänzungen und Nachträgen zu den Heften I, II, XI und XII, XIII, XIV bis XVI, XX, XXV, XXIX .. RM —.60

Für den Verkauf innerhalb Österreichs gelten Schillingpreise in der Umrechnung von zurzeit RM 1.— gleich S 1.85 (einschl. Warenumsatzsteuer u. V. F. F.).

MIX
Papier aus verantwortungsvollen Quellen
Paper from responsible sources
FSC® C105338

If you have any concerns about our products,
you can contact us on
ProductSafety@springernature.com

In case Publisher is established outside the EU,
the EU authorized representative is:
**Springer Nature Customer Service Center GmbH
Europaplatz 3, 69115 Heidelberg, Germany**

Printed by Libri Plureos GmbH
in Hamburg, Germany